生活中的魔法数学

Secrets of Mental Math

——世界上超简单的心算法——

[美] 亚瑟・本杰明（Arthur Benjamin）
[美] 迈克尔・谢尔默（Michael Shermer）/ 著
李旭大 /译

南海出版公司
2020・海口

图书在版编目（CIP）数据

生活中的魔法数学：世界上超简单的心算法/（美）亚瑟·本杰明，(美) 迈克尔·谢尔默著；李旭大译. -- 海口：南海出版公司，2020.2

ISBN 978-7-5442-9560-4

Ⅰ. ①生… Ⅱ. ①亚… ②迈… ③李… Ⅲ. ①心算法 Ⅳ. ①O121.4

中国版本图书馆 CIP 数据核字 (2019) 第 043923 号

著作权合同登记号：图字 30-2019-011

SHENGHUO ZHONG DE MOFA SHUXUE —— SHIJIE SHANG CHAO JIANDAN DE XINSUANFA

生活中的魔法数学——世界上超简单的心算法

作　　者	[美] 亚瑟·本杰明　[美] 迈克尔·谢尔默
译　　者	李旭大
责任编辑	张　媛
装帧设计	北京今日今中图书销售中心
出　　版	南海出版公司　电话：（0898）66568511
	海南省海口市海秀中路 51 号星华大厦五楼　邮编：570206
发　　行	北京今日今中图书销售中心
	电话：（010）51336038　　邮箱：tmsy188@163.com
经　　销	全国新华书店
印　　刷	北京博图彩色印刷有限公司
开　　本	880 毫米 ×1230 毫米　1/32
印　　张	9.5
字　　数	258千
版　　次	2020 年 2 月第 1 版　2020 年 2 月第 1 次印刷
书　　号	ISBN 978-7-5442-9560-4
定　　价	49.80 元

前 言

数学是科学的语言

[美] 比尔 · 奈

我一直在想，早期的人类是如何计数的。他们可能注意到用手指来计数是非常有用的。也许他们当中有人会说：“1、2、3、4、5，我们这里有5个人，所以我们需要5个果实。”后来，一定是有人咕哝着说：“嗨，注意到了没有，你可以对数目较小的人或物用手指计数，如篝火旁的人、树上的鸟、路边的石头、篝火里面的木头、一群羊或者一串葡萄。可是，如果它们的数目超过10或者20（加上脚趾），那该如何是好？”这是一个极好的开端，也许这就是人类第一次在考虑计数或者数字这个问题吧。

你也许听说过，数学是科学的语言；你也许还听说过，自然的语言是数学。不错，这一切都是真的。对自然了解得越多，我们就会发现越多它与数学之间的联系。花朵花瓣的排列就是一种非常特殊的序数排列，也就是我们熟知的斐波那契数列（它是一组非常特殊的数列：1，1，2，3，5，8，13，21……其中每数都是前两数之和，以此类推——编者注）；海贝壳的形状也是很完美的数学曲线；即使相距数百万甚至数亿千米，我们还是能够观测到星群与星群之间在跳着一种数字舞蹈。

数个世纪以来，人类一直在探寻和发现自然的数学特性。对于每一次发现，人们都要通过数学这种科学方法对其进行验证，以确保数字的准确无误。不错，《生活中的魔法数学》就能帮你处理各种数字。通过掌握一些自然的数字秘密，你就能够轻松自如地进行数学运算。那么，你知道数字是从哪里来的吗？

在认识了数字之后，这个问题的答案就很明确了，那就是你的手指。开玩笑？一点儿也没有，因为数字就起始于手指本身！我们大家都知道，几乎所有的人都有 10 根手指，所以数学体系也是从 1 开始，然后到 10。事实上，我们把数字和手指都称为“digits”，也就是“阿拉伯数字”或者“手指”的意思。巧合？一点儿也不是。这不，不久以后，我们的祖先就发现手指已经不能满足计数的需要了。我想，你也可能遇到过同样的情况。然而，我们也不能因此而忽视那些庞大的数字。

我们需要数字，因为它们是我们日常生活的一部分。我们之所以没有意识到它们的重要性，只是因为我们没有特别注意罢了。就拿给朋友打电话来说吧！首先，你需要电话号码，而通话时间也是通过小时和分钟的数字来计算的。历史上每一个重要的日期，包括你的生日，也都是通过数字来记录的。在描述一个人的时候，人们往往会用数字来说明他的身高和体重。当然，我们都想知道自己有多少钱或者某件商品的价格是多少，而所有这些都要通过数字来体现。所以，可以说我们是与数字分不开的。你也许会说，我太讨厌数字了，因为大量的数字实在是太难记忆了，可是不记又不行。如果有这样的烦恼，那从现在起，你就不用担忧了，因为本书将为你介绍一种数字记忆方法，它可以帮你快速记忆较大的数。

也许由于某种原因，你对数学并不感兴趣。不过，我还是要请你读下去，因为我这个“搞科学的家伙”也很希望你喜欢数学。事实上，我也真心地希望你能够热爱数学。不过，无论你对数学是怎样的感受，无论是爱还是恨，我相信你总会这么想：要是不做仔细的运算就能得出结果，甚至不用计算器，那该有多好！正如我们所说的那样，你就像变戏法似的得出答案。想要做到像变魔术似的解决许多数学问题吗？没问题，本书将教你做到这一点！

魔术之所以令人着迷、令人神往，那是因为观众并不知道魔术的秘密。“她是怎么做到的？”“我不知道，不过她的表演的确很棒！”如果有观众的话，《生活中的魔法数学》中所讲的诀窍与捷径真的很像魔术。观众并不知道魔法数学的秘密，他们只是欣赏它的观众。值得一提的是，如果没有观众，魔术表演就失去了意义。与魔术不同的是，在掌握了魔法数学的秘密之后，你就会觉得数学的王国充满了乐趣。当运算变得容易时，你就不会陷入到令人厌烦的运算步骤之中，而能够把注意力放在数字奇妙的特性上。毕竟，数学是宇宙的主宰。

本杰明研究速算只是为了开心快乐。我们可能会想，他的表演给老师和同学们留下了极为深刻的印象。魔术师可能会使一些观众认为他们拥有超自然的力量，而数学魔术师则首先要让观众觉得他们是天才。要分享你的观点，你就得让人们注意到你在做什么。如果对你印象深刻，他们就有可能听你的，所以你要尝试一些“数学魔法”。你可能会令你的朋友大吃一惊，很好！不过，你还会发现，你将为自己的天才表现感到惊讶，因为你能够解答一些连想都没有想过的数学题。没错！你会对自己的天才表演感到吃惊！

也许，你用手指计过数。不过，你是否注意过在计数的时候你是在心里默数呢，还是发出声音呢？大声地计数往往会使数学运算变得更加容易。当然，这样也会使别人觉得你有点儿怪怪的。那么，怎样才能做到既轻松地进行数学运算，又不引来别人的诧异呢？在《生活中的魔法数学》中，本杰明将教你利用“大声地喊”的方式来更加快速准确地进行心算。也就是说，当你的大脑在进行思考的时候，你是在“大声地”思考。

像读英文或者中文一样，你将学会按照从左到右的顺序解答数学难题；你将会像伟大的天才一样快速准确地解决复杂的问题；你将学会快速进行算术运算，同时还能考虑这个数字意味着什么。你可能在想：“我们是否有足够的果实分发给篝火旁的每一个人呢？如果不够，那可就麻烦了！”你也许在想：“我的电脑是否有足够的空间来存储我的音乐呢？我的银行账户上还有足够的款项吗？……如果没有的话，我的麻烦可就大了！”

心算的秘密不只是计算。花一天、一月或者一年的时间，你就能学会计算出某一天是星期几。如果你能说出某个人的生日是在哪个星期的星期几，那将是一件神奇或者令人感到不可思议的事情。当然，如果你能计算出美国的第一个独立日 1776 年 7 月 4 日是星期四，那也将是一件相当了不起的事情。另外，在掌握了《生活中的魔法数学》中的秘密之后，你马上就能说出泰坦尼克号下沉的那一天——1912 年 4 月 15 日是星期一；人类第一次登上月球的那一天——1969 年 7 月 20 日是星期天；而美国遭遇恐怖袭击的那一天——2001 年 9 月 11 日则是星期二。

对于自然界中各种关系的表达，再也没有比数字更好的方式了。你可以用手指来计算一些简单的数字，如 1、2、3……不过，除这些简单的数字外，还有许多难以想象的数字。事实上，你是可以知道它们的。掌握了生活中的魔法数学之后，你就能够很快地记住这些数字，并利用这些数字来推断这个世界的运行方式。

注：比尔·奈，美国著名的科学教育家、发明家、作家、喜剧演员和电视制作人，绰号是“搞科学的家伙”。

数学是有用的语言

[美] 詹姆斯·兰迪

数学是一种奇妙、优美且极为有用的语言，它有自己的词汇和句法，有自己的动词、名词和修饰词，有自己的语系和方言。对于数学这种语言，有的人能够运用得得心应手，而有的人则不能轻松自如地驾驭它；有的人害怕探究它更加深奥的功用，而另外一些人则像勇猛的武士挥舞刀剑一样用它去攻克和征服那些貌似繁杂的营业税和庞大的数据。也许本书不能保证让你成为一名数学家或者一名数学教授，不过它会改变你的看法，使你对数字产生一种全新的甚至是充满期待的观点。

我们都自认为已经掌握了足够的数学知识，所以当我们把已经成为生活一部分的计算器从口袋里掏出来用时，我们一点儿也不感到羞愧或者内疚。不过，正如摄影师可能使我们对维米尔油画的美视而不见，或者电子琴可能使我们忘掉霍洛维茨奏鸣曲的华丽与雄壮一样，过多地依赖科技使得我们失去了许多从前的乐趣，幸运的是，这些久违的乐趣可以在本书中找到。

小时候，有人告诉我，任何一个数与 25 相乘，只要在这个数后面加两个 0，然后再除以 4 就能得到它们的乘积。在检验过这种说法的正确性之后，我感到非常高兴，因为这是我从来都没有想到过的。数学世界是多么奇妙啊！

这是一本非常有趣的书。如果你对提升数学技能不感兴趣，也不想满足对这个令人着迷的主题的好奇心，你就没有必要拥有这样一本书。不过，如果你想要掌握本书当中某一部分所讲的诀窍与方法，仅就这一点而言，投入一点时间和金钱也是值得的。

对于本书的两位作者，我都非常熟悉。亚瑟·本杰明不仅在学校的时候就是一个令人赞叹的少年天才，而且还在好莱坞的“魔术城堡”表演过他那令人称奇的数学技能。除此之外，他还曾经在日本东京与一名女专家进行过一次电视实况转播的数学技能比赛。迈克尔·谢尔默拥有专业的科学知识，对实用数学在现实世界的应用有着极为全面的见解和高深的造诣。

如果你是第一次接触这么优秀的数学书籍，我可就羡慕你了。在掌握了书中新奇独特的方法之后，你就会发现这些是你在学校学不到的。在日常生活中，数学，特别是算术是一个有效而又强大的工具，它能够使我们更加快速和准确地处理复杂的生活。跟着亚瑟和迈克尔走吧，他们会带你走上通往数学王国的捷径！

总之，尽情地享受本书带给你的乐趣吧！从中寻找快乐吧，因为它一定不会令你失望！

序 言

伟大的心算大师

[美] 迈克尔·谢尔默

我的好友亚瑟·本杰明博士是位于美国加州克里蒙特的哈维穆德学院的数学教授，并在好莱坞著名的魔术俱乐部“魔术城堡”表演过“数学魔术”，即他所谓的“快速心算”。除了是一所著名大学的数学教授之外，亚瑟似乎没有其他值得称道的地方。不过，他的头脑非常机敏，反应之快令人惊异，他甚至能够像其他少年魔术师一样在“魔术城堡”自如地进行表演。

他能够在任何人面前进行表演，包括专业的数学家和魔术师！那么，到底是什么使得亚瑟如此独特呢？因为他能做其他人无法完成的事！亚瑟·本杰明能够快速地在头脑里进行加、减、乘、除运算，速度比计算器还要快！在不用纸笔的情况下，他除了能够进行两位数、三位数和四位数的平方运算，还能够计算出它们的平方根和立方根。除此之外，他还能够教你一些独特而有趣的数学魔术。

通常来说，魔术师是不会揭示他们所表演的魔术的秘密的。这样做也是可以理解的，因为如果把戏被揭穿，大家都知道他们的秘密，魔术也就失去了它的神秘性和奇异感，而他们也可能因此砸掉自己的饭碗。不过，亚瑟想要激发起人们对数学的兴趣。

他知道，要做到这一点，最好的办法就是，他必须让你和其他读者知道他成为“数学天才”的秘密。掌握了这些秘密与诀窍，几乎每一个人都能够像亚瑟·本杰明那样站在舞台上表演魔术。

在一个不同寻常的夜晚，站在“魔术城堡”舞台上的亚瑟·本杰明开始了他的魔术表演。首先，他问哪一位观众身上携带有计算器。多名工程师举起了手，并应邀登上了舞台。在确保这些计算器没有问题之后，亚瑟请一位观众说出一个两位数。“57。”那位观众说。

接着，亚瑟对那些站在舞台上的工程师们说：“用计算器计算出 57 与 23 的乘积，如果计算器给出的结果不是 1311，那就说明计算器有问题。”当每一名工程师都说计算器给出的结果是 1311 时，观众们不由得大吃一惊！计算是计算器的拿手好戏，而神奇的亚瑟却打败了它们！

亚瑟接下来告诉观众，他将计算出四个两位数的平方值，而且他的计算速度要比工程师们用计算器计算的速度还快。于是，一位观众请他计算出 24、38、67 和 97 的平方值。这位观众的话音刚落，亚瑟马上就用粗体大字在黑板上写出了四个数：576、1444、4489、9409。然后，亚瑟请正在用计算器运算的工程师大声说出他们的计算结果。他们的回答使观众们大吃一惊，然后观众席上爆发出一阵阵热烈的掌声：576、1444、4489、9409！坐在我身旁的那位女士惊异地大张着嘴，一句话也说不出来。

亚瑟接着说他将向大家展示他计算三位数平方的技能，甚至不用写出答案！“572！”一位男士大声说。这位男士的话音落下还不到一秒钟，亚瑟就给出了答案：“572 的平方是 327,184。”然后，他马上指向另外一位喊出“389”的观众，并立即给出了答案：“389 的平方是 151,321。”有人喊道：“262。”“答案是 68,644。”也许是感觉到自己的回答比上一个迟缓了一些，亚瑟保证会对下一个数做出补偿。“991。”一位观众向亚瑟发出了挑战。对于这个挑战，亚瑟毫不犹豫地给出了答案：“982,081。”观众们又给出了几个三位数，亚瑟也都给出了正确的答案。对此，一些观众怀疑地摇了摇头。接下来，亚瑟拉住一位观众的手宣称，他将要尝试计算四位数的平方。一位女士大声喊道：“1036。”亚瑟马上就回答说：“它的平方是1,073,296。”那位观众笑了起来，而亚瑟则解释说：“不要笑，因为这个数太容易了。我可不是因为这么容易的数才击败计算器的，还是换另一个数试试吧！”一名男士说出了一个具有挑战的数：2843。短暂的停顿之后，亚瑟回答说：“嗯，这个数的平方应当是八百……零八万二千……六百四十九。”当然，他是正确的。观众们激烈地鼓起掌来，如同他们此前赞赏那位把一位女士“锯”成两半、并让一只狗消失的魔术师一样激烈。

同在“魔术城堡”发生的事情一样，无论是在高校的礼堂、大学的课堂，还是在专业的研讨会以及电视节目上，亚瑟·本杰明都得到了同样的赞誉和认可。本杰明教授在美国各地和电视脱口秀节目中表演着具有他独特风格的魔术。为此，他成了卡耐基梅隆大学一名感知心理学家的研究对象，也在斯蒂文·史密斯的学术著作中被称为“伟大的心算大师：过去和现在心理学、方法论和计算领域的奇才”。

亚瑟于1961年3月19日出生于克利夫兰。在学校，亚瑟是一个极其活跃的孩子，他的老师们也往往因为他在课堂上做出的一些怪异行为而几乎发疯，其中就包括纠正他们偶尔犯下的数学错误。在本书中，每当讲述到他的数学秘密时，亚瑟就会回顾他在什么时候、什么地方学习到了这些技巧。所以，我在这里就不多说了，关于这些有趣的故事还是由他自己来告诉大家吧。

亚瑟·本杰明是一个非同寻常的人，他拥有一套行之有效的方法，能够帮助你掌握快速心算的技巧。我这么说可是有根据的，而且请你记住，我并不是这样随便说说而已。我和亚瑟从事的都是极为严谨的学术职业——亚瑟研究的是数学，我研究的则是历史学，我们也不会冒着危及职业的风险而把假的说成是真的。简而言之，本书讲的方法都是切实可行的，而且也是人人都能做到的，因为这种“数学天才”的奇迹是通过学习或经验获得的。所以，你就期待着提升你的数学技能和记忆力，并让你的朋友大吃一惊吧！不过，最为重要的是，你一定要从中获取乐趣！

导 言

魔法数学的秘密

[美] 亚瑟 · 本杰明

从孩提时起，我就喜欢玩数字游戏，所以我希望通过这本书与你分享我玩数字游戏时的激情与快乐。我发现，数字有一种魔力，而我和我的伙伴也因为它那不可抗拒的魅力而度过了许多美好的时光。在少年时代，我是一个魔术师；后来，我把数学与魔术结合起来，向人们展示数学与魔术的魅力，也就成了人们所说的数学魔术师。通过表演，我向所有年龄段的人揭示快速心算的秘密。

博士毕业后，我在美国加州哈维穆德学院教授数学，并继续与来自世界各地不同年龄的人们分享数字游戏的快乐。通过这本书，我会与你分享关于数字游戏的秘密。我知道，对于魔术师来说，向人们揭示魔术秘密并非明智之举。不过，作为数学魔术师，我有自己的道德准则，数学魔法应该用于激发人们的灵感，而不应该用于营造一种神秘莫测的氛围。

通过这本书，你会学到什么？你将学到快速心算的技能，其速度快得令你无法想象！在经过一段实践之后，你的数字记忆能力将得到大幅提高，而你的心算技能也会给你的朋友、同事和老师留下深刻的印象。更为重要的是，你会把数学看作是一件非常有趣的事情。

对大多数人而言，从接受教育开始，数学就是一套既定的规则，几乎没有创新的思维空间。不过，在分享了我的秘密之后，你就会发现，同一道数学题会有多种解答方法，难以解决的复杂问题也可以化整为零，被分解成各个可以解决的部分。我们会对需要解决的问题进行分析，寻找其特性，从而找到更加容易的解决办法。对我来说，本书所讲的秘密是可以使人终身受益的法宝，你可以用它解决所有的数学及其他问题。

“可是，你的数学禀赋是不是天生的呢？”人们时常会这样问我。许多人认为，能够快速心算的人都是天才。也许我天生好奇，干什么事情都喜欢打破砂锅问到底，想知道某件事情到底是一个数学问题，还是一个魔术游戏。不过，根据多年来的教学经验，我认为数学是一种每一个人都能够掌握的技能。同任何其他值得掌握的技能一样，数学需要实践和练习，也需要你为此付出努力。不过，要想快速实现这个目标，采用正确的方法是非常重要的，而我就能帮你做到这一点。

目 录

第一章 ◂ 简单而又非同寻常的速算法 ……1

第二章 ◂ 多退少补：自左至右的加减法心算法则 ……10

第三章 ◂ 分配律：乘法心算的基本原则 ……27

第四章 ◂ 新颖的乘法运算：间接相乘法 ……49

第五章 ◂ 除法心算 ……75

第六章 ◂ 估算的技巧 ……103

第七章 ◂ 黑板数学：神笔妙算 ……127

第八章 ◂ 难忘的一章：数字的记忆 …… 151

第九章 ◂ 由难变易：高级乘法运算 …… 164

第十章 ◂ 其乐无穷：神奇的魔法数学 …… 201

第十一章 ◂ 结束语：用科学的语言
——数学，来甄别谎言 …… 225

鸣　谢 …… 235

参考答案 …… 236

参考书目 …… 283

索　引 …… 286

第一章

简单而又非同寻常的速算法

通过对本书的学习，你会学到难以想象的快速心算方法。运用本书介绍的方法进行一段时间的实践之后，你的心算能力会得到大幅度提高。如果进行更多的实践和练习，你的心算速度甚至会比他人用计算器计算的速度还要快。不过，在本章中，我打算先教你一些非同寻常且又易于掌握的快速算法。我将把一些难度较大的方法放在后面来讲。

一、乘法速算法

那就从我最喜欢的心算技能之一开始吧，即快速计算出任何一个两位数与 11 相乘的积。一旦知道了秘密，你就能轻而易举地给出答案。例如：

$$32\times11$$

对于这道数学题，只要把第一个数的两个数字相加：$3+2=\underline{5}$。然后再把 5 放在 3 和 2 中间，你就会得出正确的答案：

$$3\underline{5}2$$

这个方法是不是很简单呢？再举一例：

$$53\times11$$

因为 $5+3=\underline{8}$，所以，它的正确答案是：

$$5\underline{8}3$$

不可思议？随便拿一个两位数来计算一下如何？就拿下面这个例子来说吧：

81×11

答案是什么？ 891？恭喜你！你答对了！

太好了！不过，是不是所有两位数与11的乘积都能这样快速地计算呢？例如：

85×11

8+5=13，那么，它的答案是不是8135呢？当然不是，因为我还没有告诉你关于两位数与11乘积的全部秘密。

对于这个例子，同以前一样，要把这个两位数数字之和“13”中的3放在8和5中间，而1则要与8相加，这样就得出了正确的答案：

935

你可以这样思考这一类的数学题：

$$\begin{array}{r} 1 \\ +\ 835 \\ \hline 935 \end{array}$$

再举一个例子：57×11。

因为5+7=12，所以它的答案是：

$$\begin{array}{r} 1 \\ +\ 527 \\ \hline 627 \end{array}$$

好了，该轮到你了。

请你快速计算：77 × 11 = ？

你的答案是多少？ 847？不错！你已经朝着数学魔术师的道路迈出了重要的一步！

我知道，根据以往的经验，如果你告诉你的朋友或者老师说你能快速心算出任何一个两位数与11的乘积，他们很有可能会要你快速心算出99与11的乘积。与其到时候犹豫，还不如我们现在就验证一下。这样，我们心里也会踏实一些。

因为9+9=18，所以它的答案是：

$$\begin{array}{r} 1 \\ +\ 989 \\ \hline 1089 \end{array}$$

太好了！把你学到的新技能多练习几次，然后再展示给朋友或者老师们！我相信，他们会对你刮目相看的！要不要把诀窍告诉他们，这个就由你来决定吧！

接下来，你可能会有许多问题要问，例如：

“我是否可以用同样的方法来计算三位数（或者位数更多的数）与11相乘的数学题呢？”

答案是肯定的。例如：314 × 11 = ？这道数学题的答案仍是以3开始，以4结束。因为3+1=4，而1+4=5，所以它的答案是3454。不过，我会把类似的、难度较大的运算题放到后面来讲。

也许你会提出一些更为实际的问题，例如：

“那么说，这个方法适用于任何数与11相乘的数。但是，有没有适用于与更大的数相乘的方法呢，例如与12、14或者18

相乘呢？”

对于这个问题，我的答案是：耐心！所有这些都会在下面的章节中讲到。在第三、第四、第七和第九章中，你将会学到与任意两位数相乘的方法。另外，你也不必牢记与任何一个两位数相乘的规则。只要掌握一些技巧，你就能够快速、轻松地进行乘法心算了。

二、平方心算及其他

下面再教大家一种速算诀窍。

你也许知道，一个数的平方就是这个数与它本身相乘。例如：7 的平方是 7×7=49。我会教你一种简单的方法，让你轻而易举地计算任意两位数、三位数，甚至更多位数的平方。对于个位数是 5 的数来说，这种方法应用起来会更加简单。我现在就教你这种方法。

计算个位数是 5 的两位数的平方，你只需要记住两点：

第一点，它的平方数的前一位或者前两位就是它的十位数与十位数加一的乘积。

第二点，它的平方数的后两位数是 25。

注意：任意两位数的平方最多只有四位，最少有三位，因为 100^2=10,000 是五位数。

例如，要计算 35 的平方，我们只要简单地用十位数（3）与比它（3）大 1 的数（3+1=4）相乘，然后再在后面添加上 25 就可以了。因为 3×4=12，因此，答案就是 1225。即 35×35=1225。它的计算步骤如下所示：

$$
\begin{array}{r}
35 \\
\times\ 35 \\
\hline
3\times4=12 \\
5\times5=25 \\
\hline
1225
\end{array}
$$

答案是：1225。

那么，85 的平方呢？因为 $8\times9=72$，所以我们马上就得出了答案：$85\times85=7225$。

$$
\begin{array}{r}
85 \\
\times\ 85 \\
\hline
8\times9=72 \\
5\times5=25 \\
\hline
7225
\end{array}
$$

答案是：7225。

我们可以采用同样的方法来计算满足以下两个条件的两位数的乘积：条件一，它们的十位数相同；条件二，它们的个位数之和为 10。例如，$83\times87=\square$，在这里，这两个数的十位数都是 8，而它们的个位数之和是 $3+7=10$。由于 $8\times9=72$，而 $3\times7=21$，因此，$83\times87=7221$。

$$
\begin{array}{r}
83 \\
\times\ 87 \\
\hline
8\times9=72 \\
3\times7=21 \\
\hline
7221
\end{array}
$$

答案是：7221。

同样，$84\times86=7224$。

是不是很简单呢？该你来试试了。那么，26×24 等于多少呢？

它们的乘积以什么开始呢？应当以 $2 \times 3=6$ 开始。又应当以什么结束呢？应当以 $6 \times 4=24$ 结束。因此，$26 \times 24=624$。

记住，这种方法要满足前面所讲的两个条件：条件一，十位数要相同；条件二，个位数之和为 10。所以，我们用这个方法马上就能算出下面这些数的乘积：

$$31 \times 39=1209$$
$$32 \times 38=1216$$
$$33 \times 37=1221$$
$$34 \times 36=1224$$
$$35 \times 35=1225$$

注意：如果两个个位数之积小于 10，那就要在这个积之前添加一个 0，如：$31 \times 39=1209$。

你或许会问："那么，如果两个个位数之和不等于 10 呢？我们可不可以用同样的方法来计算 22×23 呢？"在这种情况下，你是不可以使用这个方法的。不过，我将在第八章介绍一些简单的方法来解决这样的问题（至于 22×23，你可以这样做：$20 \times 25+2 \times 3$，即 $500+6=506$。也就是说：$22 \times 23=506$）。到那时，你将不仅学会使用这些方法，而且还会明白这些方法的奥秘。

"对于加、减之类的心算问题，有没有什么诀窍呢？"

答案是肯定的，我将在下一章讲解关于这方面的技巧。如果非要用几个字来概括我的方法，那就是"自左至右"。下面我就举一个简单的例子。请你计算下面的这道减法运算题：

$$\begin{array}{r} 1241 \\ -\ \ 587 \\ \hline \end{array}$$

大多数人不喜欢心算如此复杂的算术题（有的甚至不愿列式运算）。不过，我们可以使它简单化：我们不用减去 587，而是减去 600。因为 1200－600＝600，所以，1241－600＝641。不过，我们多减去了 13（在第二章，我将说明如何快速地得出 13 这个数）。这样，我们就把一道复杂的减法题转变成了简单的加法题：

$$\begin{array}{r} 641 \\ +\ 13 \\ \hline 654 \end{array}$$

按照这样的运算方法，我们就可以对这道复杂的数学题轻而易举地进行心算了（特别是自左至右地进行），即：1241－587＝654。

采用第十章讲的数学魔法，你马上就能计算出下面 10 个数的和：

$$\begin{array}{r} 9 \\ 5 \\ 14 \\ 19 \\ 33 \\ 52 \\ 85 \\ 137 \\ 222 \\ +\ 359 \\ \hline 935 \end{array}$$

我现在不告诉你其中的秘密，不过我可以给你提示一下：935 这个答案已经在本章的其他地方出现过。在本书的第七章，我还将讲述更多关于列式运算的诀窍。此外，你还将学会如何快速地给出两个数的商：

359÷222=1.61（保留 3 个有效数字）

关于除法，我将在第五章中讲到。

三、更实用的诀窍（计算小费）

现在，我来告诉你一个快速计算小费的诀窍。假设你在饭店用餐的账单是 42 元，而你想留下 15% 的小费，你该如何计算呢？首先，先计算 42 元的 10%，即 4.2 元；而 4.2 元的一半，即 2.1 元，也就是 42 元的 5%。然后，再把这两个数字相加，即 6.3 元，也就是账单 42 元的 15%。我们将在第六章讲解计算销售税、折扣、利率，以及其他实用账目的技巧，还将讲解快速心算不需要给出确切答案的账目的技巧。

四、提高你的记忆力（记忆数字的技巧）

在第八章，你将学到一些记忆数字的实用技巧。掌握了这些技巧，你的生活就会变得更加轻松。采用这些简便易学、把数字变成单词的方法，你就能够快速、轻松地记住任何数字：日期、电话号码以及其他各种你想要记住的数字。

说到日期，怎样才能计算出任何日期的星期数？我们可以采用一种方法计算出生日、历史日期、约会以及其他日期的星期数。关于这种方法，我将在后面详细讲述。不过，我在这里介绍一种简单的方法，可以计算出二十一世纪任意年份 1 月 1 日的星期数。请先熟悉一下下表：

星期一	星期二	星期三	星期四	星期五	星期六	星期日
1	2	3	4	5	6	7 或 0

例如，2030 年的 1 月 1 日是星期几呢？首先，取 2030 年的后两位数，即 30，并用这个数乘以 25%，即 30×25%=7（舍余数取整数）；然后，用 30 加上 7，再用两数之和除以 7，所得的余数（2）就是上表对应的星期数，即星期二。

那么，2043 年的 1 月 1 日是星期几呢？你可以这样计算：

43×25%=10.75（舍余数取整数即为 10）
43+10=53
53÷7=7……4（余数）
4 表示星期四

对于这种星期数计算的方法，闰年是要除外的。闰年 1 月 1 日星期数的计算方法是：在计算时，只要将年份后两位数的 25% 减去 1，然后再如前计算就可以了。例如，在计算 2032 年 1 月 1 日的星期数时，32 的 25% 是 8，8 减去 1 是 7，32 加上 7 是 39，而 39 除以 7 所得的余数是 4，因此 2032 年的 1 月 1 日是星期四。如果想要计算出历史上任何年份、任何日期的星期数，你可参阅本书的第十章（事实上，你也可以在一开始就读第十章）。

我想，你也许要问：“在学校时，老师为什么不教我们这些呢？”恐怕你会有更多诸如此类我无法回答的问题。现在，你是否做好了学习更多数学魔法的准备？好，我们还等什么呢？开始吧！

第二章

多退少补：自左至右的加减法心算法则

从记事起，我就发现自左至右地进行加减运算往往比自右至左要容易一些。早在上小学的时候我就发现，采用这种方法进行加减运算，我要比其他同学先得出答案，而且甚至不需要用笔算！在本章中，你将学会用这种自左至右的心算方法，对日常生活当中遇到的几乎所有的加减问题快速地进行运算。这些心算技巧不仅对于本书中提到的数学魔术表演很重要，而且对你的学习、工作和生活也很有帮助。在学习到这些诀窍之后，你就会抛开计算器，用你的头脑以闪电般的速度心算出两位、三位，甚至四位数加减运算的结果。

一、自左至右的加法运算

我们大多数人从一开始接受的都是自右至左的笔算方法。对于笔算来说，这是一种不错的方法。不过，如果想要在大脑里计算（甚至比笔算还要快），你最好是按照从左至右的顺序来进行。当然，其中的原因有很多：首先，你毕竟是按照从左至右的顺序来读数的，所以按照从左至右的顺序来计算数字是极为自然的事情。相反，当你从右至左进行计算（在笔算时可能采用的方法）时，你所得到的答案都是从后向前的，这就使得你很难进行心算。其次，如果你想估算出一个大致的结果，相对于知道“答案的最后一位数是 8”来讲，知道“答案是 1200 多”则更符合你的要求。所以，采用自左至右的运算方法，你最先得出的是最为重要的数字。如果你习惯于自右至左的笔算方法，对你来说从左到右的心算方法就显得不正常了。不过，在经过一段时间的练习之后，你就会发现自左至右是最正常、最有效的心算方法。

你也许会认为，对于两位数的加法运算来说，自左至右的运算方法似乎并没有多大的优势。不过，你要有耐心，坚持下去，不久之后你就会发现，解决三位数和更多位数的加法运算、所有的减法运算，以及几乎所有的乘法和除法运算时，唯一简便的方法就是自左至右的运算方法。越快适应这种运算方法，你得到的效果就越好。

1. 两位数的加法运算

本章所讲内容的前提是你已经知道了如何进行一位数的加减运算，因此我们将从两位数的加法运算开始讲起。我想，你可能已经对于两位数的加法运算深谙于心、了如指掌了。尽管如此，你还是要对下面的这些算术题进行练习，因为对于更多位数的加法运算以及所有的乘法运算来说，你从这些两位数加法运算中学习到的技巧都是非常必要的。另外，它还体现了心算数学的基本原理，即采用化整为零、化繁为简的方法解决疑难问题。事实上，这也是本书中每一个方法的关键所在。用一句俗语说，取得成功要有三大要素，那就是“简单、简单、再简单”。

最简单的两位数加法运算就是那些不需要进位的运算，也就是说，无论是个位还是十位，其和都小于或者等于9。例如：

$$\begin{array}{r} 47 \\ +\ 32\ (30+2) \\ \hline \end{array}$$

要对这道题进行运算，首先要加上30，然后再加上2。在加上了30之后，你的问题就简单多了，即：77+2=79。下面是这道题的运算步骤：

47+32 = 77+2 = 79

（先加30）（再加2）

上面的图示只是采用我们的方法进行心算的过程演示。在阅读本书、学习心算技巧的时候，你需要读懂这样的运算步骤演示，我们的方法不需要你记下任何东西。

现在，我们来计算一道需要进位的数学题：

$$\begin{array}{r} 67 \\ +\ 28(20+8) \\ \hline \end{array}$$

对这道题进行运算时，你可以这样使它简单化：首先，67+20=87；然后，87+8=95。即：

67+28 = 87+8 = 95

（先加20）（再加8）

现在，你来尝试一下，自左至右地进行一次心算，然后再看看我们是怎么做的：

$$\begin{array}{r} 84 \\ +\ 57(50+7) \\ \hline \end{array}$$

怎么样？先是84+50=134，然后再用134+7=141，你是这样做的吗？即：

84+57 = 134+7 = 141

（先加50）（再加7）

如果进位数让你感到头痛的话，请你不要因此而担心。这也许是你第一次系统地学习心算。同许多人一样，慢慢地你就会习惯的。不过，通过练习之后，你会开始在头脑里看到、听到这些数字，而进位数也会在你进行加法运算的时候自动现身。再练习一道题，如之前一样，自己先心算，然后再与我们做的对照一下：

$$\begin{array}{r} 68 \\ +\ 45(40+5) \\ \hline \end{array}$$

你应当做的是：先是 68+40=108，然后是 108+5=113，最后的答案是 113。这样做是不是容易一些呢？如果你想继续练习这种方法，可以用下面的这些加法运算题进行练习，本书后面附有答案与算法。

练习：两位数加法

1.	2.	3.	4.	5.
$\begin{array}{r} 23 \\ +\ 16 \\ \hline \end{array}$	$\begin{array}{r} 64 \\ +\ 43 \\ \hline \end{array}$	$\begin{array}{r} 95 \\ +\ 32 \\ \hline \end{array}$	$\begin{array}{r} 34 \\ +\ 26 \\ \hline \end{array}$	$\begin{array}{r} 89 \\ +\ 78 \\ \hline \end{array}$
6.	7.	8.	9.	10.
$\begin{array}{r} 73 \\ +\ 58 \\ \hline \end{array}$	$\begin{array}{r} 47 \\ +\ 36 \\ \hline \end{array}$	$\begin{array}{r} 19 \\ +\ 17 \\ \hline \end{array}$	$\begin{array}{r} 55 \\ +\ 49 \\ \hline \end{array}$	$\begin{array}{r} 39 \\ +\ 38 \\ \hline \end{array}$

2. 三位数的加法运算

三位数加法运算的方法同两位数加法运算一样，其运算法则也是自左至右。在进行运算的过程中，你会发现你遇到的加法运算题变得越来越简单了。还是举个例子来加以说明：

$$\begin{array}{r} 538 \\ +\ 327(300+20+7) \\ \hline \end{array}$$

对于这道数学题，我们先用 538 加上 300，然后加上 20，最后再加上 7。在加上 300（538+300=838）之后，这道题就变成了 838+27；在加上 20（838+20=858）之后，这道题就变得更加简单了，即：858+7=865。这道题的运算过程如下：

538+327 = 838+27 = 858+7 = 865

+300　　+20　　+7

事实上，所有的加法题都可以采用这种方法，其目的就是将算术题逐步简化，直至加到一位数。注意，在进行 538+327 的运算时，你需要在头脑中记住 6 个数字；而进行 838+27 和 858+7 的运算时，你只需分别记住 5 个和 4 个数字。随着运算的逐步深入，它也变得越来越容易了！

请你按照上面讲述的方法计算下面这道加法题：

623
+ 159(100+50+9)

你是不是按照自左至右的运算法则来降低难度和简化这道题的呢？在进行了百位数的加法运算（623+100=723）之后，你只需要对 723+59 进行运算即可。接下来，你就应当对十位数进行加法运算（723+50=773），把这道题简化成 773+9，然后得出结果 782。这道题的运算过程如下：

623+159 = 723+59 = 773+9 = 782

+100　　+50　　+9

在进行此类心算时，我不是试着用心来看这些数字，而是试着用心来听这些数字。我用心听到了 623+159 这道题，即：

六百二十三加上一百五十九。在对自己强调“百”的时候，我就知道该从什么地方开始进行加法运算了，即：六加一等于七。接下来，这道题就变成了七百二十三加上五十九，以后的运算过程如上。在刚开始按照自左至右的运算法则进行此类练习时，你可以大声地说出来，因为大声说出来有助于快速学习这种心算方法。

事实上，三位数加法运算不会比下面这种算法更复杂：

858
+ 634(600+30+4)

现在看看我们是如何运算的：

858+634 = 1458+34 = 1488+4 = 1492
+600　　　+30　　　+4

在计算的每一步，我听到（而不是看到）了一个“新”的加法运算题。我在心里听到的这道题是：

858 加上 600 就是 1458，再加上 30 就是 1488，最后加上 4 就是 1492。

也许你的心声与我的心声不完全相同（甚至你可能是“看”而不是“听”这些数字）。不过，无论你怎样做，关键是在运算的过程中你不能“迷路”，即：你要知道你是从什么地方开始运算以及下次运算从什么地方开始，而且在整个运算过程中你不能有所遗漏。

现在再练习下一道题：

759
+ 496(400+90+6)

请你先心算，然后再与我们下面的计算过程进行对比：

$$759+496 = 1159+96 = 1249+6 = 1255$$

+400　　+90　　+6

相对来说，这道加法题稍微有一点儿难，因为这个加法运算题需要进位。不过，对于这样特殊的加法题，你可以采用另外一种算法。我敢肯定你也会认为，759 加 500 要比 759 加 496 更容易——这就是所谓的“取整法”。所以，对于这道题，你可以先用 759 加 500，然后再减去多加的部分，即：

$$\begin{array}{r} 759 \\ +\ 496\,(500-4) \\ \hline \end{array}$$

$$759+496 = 1259-4 = 1255$$

（先加 500）　（再减 4）

到目前为止，在进行加法运算时，我们一直都是拆解加数进行运算。事实上，拆解哪一个数（无论是加数还是被加数）并不重要，重要的是你要确保被拆解的数在拆解前后保持一致，这样你也就不用费心思去想该怎么做了。如果加数比被加数复杂，你可以将加数与被加数调换过来，从而使运算更简便，例如：

$$\begin{array}{r} 207 \\ +\ 528 \\ \hline \end{array}$$

$$207+528 = 528+207 = 728+7 = 735$$

（调换）　+200　+7

最后，我们说说三位数与四位数的运算。由于大多数人一次只能记住七八个数，不借助诸如手指、计算器或者我将在第八章讲的记忆法之类的工具和方法，这样的题也是你所能计算的最难的算术题。有时，你会遇到一两个结尾是零的数字的加法运算，所以我们要讲讲这种类型的运算题。这里，我们举一个简单的例子：

$$\begin{array}{r} 2700 \\ +\ 567 \\ \hline \end{array}$$

由于“27”个百加“5”个百等于“32”个百，所以我们只要在“32”个百后面加上 67 就可以得到答案 3267 了。这道加法题的解答过程与下面的这些加法题类似：

$$\begin{array}{r} 3240 \\ +\ \ \ 18 \\ \hline \end{array} \qquad \begin{array}{r} 3240 \\ +\ \ \ 72 \\ \hline \end{array}$$

因为 40+18=58，所以第一题的答案是 3258；对于第二题，由于 40+72=112，所以其答案是 3312。

这些算术题很容易，因为只有一个地方是非零数字相加，所以只做一步就计算出来了。如果有两个地方是非零数字相加，你就需要分两步进行。例如：

$$\begin{array}{r} 4560 \\ +\ \ 171 \\ \hline \end{array}(100 + 71)$$

这道题需要分两步计算，如下所示：

$$4560+171 = \underset{+100}{4660}+71 = \underset{+71}{4731}$$

练习下面的这些三位数运算题。如果觉得这些还不够的话，你还可以多做一些类似的练习题。关于这些题，本书后面附有答案与算法。

卡尔·弗里德里希·高斯：数学神童

神童就是指极有才能的孩子，通常指那些比同龄孩子早熟或者有天赋的孩子。德国的数学家卡尔·弗里德里希·高斯（1777—1855）小时候就是这样的孩子。他经常自夸说，他能比别人更快地将算术题计算出来。还是在三岁的时候，在没接受任何算术教育之前，他就指出父亲的账目计算错了。在进一步核对之后，父亲发现高斯说的是正确的。

在他十岁时，小学老师出了一道算术难题："计算1+2+3…+100=？"这可难为了初学算术的小学生们，于是他们就开始计算起来。然而，正当同学们忙个不停地用纸和笔计算时，高斯马上就想到，如果把数字1至50自左至右展开，然后直接把数字51至100自右至左放在1至50那排数字的下面，这样每两个数字加起来的和就都等于101（1+100，2+99，3+98，……49+52，50+51）。由于这些数字共有50个和，而每个和都是101，所以从1加到100的答案就是101×50=5050了。而令包括老师在内的每一个人吃惊的是，高斯不仅第一个计算出了这道题，而且这个答案还是心算出来的。他把答案写在小石板上，然后把小石板"咚"的一声放在老师的讲桌上，并且很不以为然地说："这就是答案。"高斯的天才与智慧给老师留下了极为深刻的印象，他甚至自己出资给高斯买来了当时最好的算术课本，并且说："他远远超过了我，我不能教他学习更多的东西了。"

事实上，高斯已经成了许多同学的老师，并最终成为人类历史上最伟大的数学家之一。即使在科技日益发达的今天，他的理论仍然应用于现代科学。高斯希望通过数学语言更好地了解自然，用莎士比亚剧作《李尔王》中的一句话说：“你，自然，是我的女神，我对你的规律的贡献是有限的。”关于数学的重要性，高斯有一句至理名言：“数学是科学里的皇后，数论则是数学中的女王。”

练习：三位数加法

1. 242 + 137	2. 312 + 256	3. 635 + 814	4. 457 + 241	5. 912 + 475
6. 852 + 378	7. 457 + 269	8. 878 + 797	9. 276 + 689	10. 877 + 539
11. 5400 + 252	12. 1800 + 855	13. 6120 + 136	14. 7830 + 348	15. 4240 + 371

二、自左至右的减法运算

对于大多数人来说，加法运算要比减法运算容易一些。不过，如果你按照自左至右的运算法则将减法题拆解成简单的组成部分，减法运算就会变得同加法运算一样容易。

1. 两位数的减法运算

在进行两位数减法运算时，你的目的就是要使减法运算简单化，也就是说你要把它变成一个数的减法（或者加法）。还是举一个简单的例子吧：

$$\begin{array}{r} 86 \\ -\ 25(20+5) \\ \hline \end{array}$$

每运算一步，这道减法题就变得更加简单。对于这道题，我们先减去 20（86－20=66），然后再减去 5，这就变成了一个更加简单的减法题（66－5），从而得出最后的答案 61。这道题可以这样来解答：

$$86-25=66-5=61$$

（先减 20）（再减 5）

当然，如果不存在借位（即：从被减数字相邻的高位借用一个单位，使被减数大于减数），减法题就会相当容易。不过，值得庆幸的是，比较“难”的减法题通常可以变成“容易”的加法题。例如：

$$\begin{array}{r} 86 \\ -\ 29 \\ \hline \end{array}(20+9)\text{ 或 }(30-1)$$

这道减法题有两种不同的心算方法：

1. 首先减去 20，然后再减去 9：

$$86-29=66-9=57$$

（先减 20）（再减 9）

不过，对这道题，另外一种运算方法更简便：

2. 首先减去 30，然后再加 1（取整法）：

$$86-29=56+1=57$$

（先减 30）（再加 1）

那么，到底该采用哪一种方法呢？这里有一个标准：在运算需要借位的减法题时，你可以采用第二种方法，把减数的个位进位到十位，然后再加上多减去的数。

例如，对于 54－28 这道题，因为 8 比 4 大，所以被减数的个位需要向十位借 1 个单位，所以这道题就可以采用第二种方法，即：先把减数的个位 8 进位到十位，将减数变为 30，计算 54－30=24，然后再加上多减去的数 2，就得到了这道题的答案：24+2=26。其运算过程如下：

$$\begin{array}{r} 54 \\ -\ 28(30-2) \\ \hline \end{array}$$

$$54-28 \underset{-30}{=} 24+2 \underset{+2}{=} 26$$

计算下面这道题：81－37。因为 7 比 1 大，所以我们可以把 37 进位到 40，用 81 减去这个数（81－40=41），然后再加上 3，就得到了这道题的答案：41+3=44。其运算过程如下：

$$81-37 \underset{-40}{=} 41+3 \underset{+3}{=} 44$$

稍微加以练习，你就能够熟练地运用这两种计算方法进行两位数减法的运算了。请你采用上述方法计算下列各题（本书后面附有答案与计算方法）：

练习：两位数减法

1. $\begin{array}{r} 38 \\ -\ 23 \\ \hline \end{array}$
2. $\begin{array}{r} 84 \\ -\ 59 \\ \hline \end{array}$
3. $\begin{array}{r} 92 \\ -\ 34 \\ \hline \end{array}$
4. $\begin{array}{r} 67 \\ -\ 48 \\ \hline \end{array}$
5. $\begin{array}{r} 79 \\ -\ 29 \\ \hline \end{array}$

6. $\begin{array}{r} 63 \\ -\ 46 \\ \hline \end{array}$ 7. $\begin{array}{r} 51 \\ -\ 27 \\ \hline \end{array}$ 8. $\begin{array}{r} 89 \\ -\ 48 \\ \hline \end{array}$ 9. $\begin{array}{r} 125 \\ -\ 79 \\ \hline \end{array}$ 10. $\begin{array}{r} 148 \\ -\ 86 \\ \hline \end{array}$

2. 三位数的减法运算

计算下面这道三位数的减法题：

$$\begin{array}{r} 958 \\ -\ 417 \\ \hline \end{array}(400+10+7)$$

这道减法题不需要借位（因为减数的每一位数都比被减数小），所以对于此类的减法题，你只需要分三步，每一步减去一位数就可以了。其运算过程如下：

$$958-417 \underset{-400}{=} 558-17 \underset{-10}{=} 548-7 \underset{-7}{=} 541$$

我们计算下面这道需要借位的减法题：

$$\begin{array}{r} 747 \\ -\ 598 \\ \hline \end{array}(600-2)$$

乍一看，这道题很难。不过，如果先用 747 减去 600，然后再加上 2，你就轻而易举地得到答案 149 了：

$$747-598 \underset{-600}{=} 147+2 \underset{+2}{=} 149$$

现在，请你计算下面这道题：

$$\begin{array}{r} 853 \\ -\ 692 \\ \hline \end{array}$$

你是不是先用 853 减去 700 呢？如果是的话，即 853-700=153。因为这样做，你多减去了 8，你是不是把这个 8 给加上了呢，即 153+8=161？

$$853-692 = 153+8 = 161$$
$$\quad -700 \qquad +8$$

你是否注意到，在上面的这些例子中，减数都接近整百。那么，其他的减法题该怎么办呢？例如下面这道题：

$$\begin{array}{r} 725 \\ \underline{-\ 468} \end{array}(400+60+8)\text{或}(500-??)$$

如果分三步、每步减去一位数进行简化计算，其过程可能就是这样的：

$$725-468 = 325-68 = 265-8 = 257$$
$$-400 \qquad -60 \qquad -8$$

那么，如果先减去 500，又会怎么样呢？

$$725-468 = 225+?? = ??$$
$$(\text{先减 }500)\quad(\text{再加 }??)$$

减去 500 是很容易：725-500=225，可是减去的数太多了。所以说，需要做的是要计算出多减去的数。

乍一看，要计算这个数并不容易。要计算这个数，你就需要知道 468 与 500 相差多少。不过，“补足法”会使得许多三位数减法题变得容易。

3. 补足法

快速算出下面这些数与 100 之间的差：

57　　68　　49　　21　　79

答案是：

$$\begin{array}{r}57\\+\ 43\\\hline 100\end{array}\quad\begin{array}{r}68\\+\ 32\\\hline 100\end{array}\quad\begin{array}{r}49\\+\ 51\\\hline 100\end{array}\quad\begin{array}{r}21\\+\ 79\\\hline 100\end{array}\quad\begin{array}{r}79\\+\ 21\\\hline 100\end{array}$$

你是否注意到，在上面每一对加起来等于100的数字中，左边的数（十位数）加起来等于9，而右边的数（个位数）加起来则等于10。因此我们说43是57的补足数，32是68的补足数……

现在，请找出下面两位数的补足数：

37　　59　　93　　44　　08

要找到37的补足数，首先就要算出3加几等于9（答案是6），然后再算出7加几等于10（答案是3）。因此，63是37的补足数。

另外，其他几个数的补足数是41、7、56和92。注意，作为数学魔术师，同其他事情一样，在找补足数时你要遵循自左至右的原则。正如上面所说，十位数相加等于9，个位数相加等于10。当然，以0结尾的数是个例外——例如:30+70=100。不过，这样的数的补足数就简单多了。

那么，补足数与减法心算有什么关系呢？有了补足数，你就可以将难解的减法题转变成简单的加法题。现在我们就用这种方法计算前面的那道题：

$$\begin{array}{r}725\\-\ 468\\\hline\end{array}(500-32)$$

计算这道题，你首先要减去的是500而不是468，即：725-

500=225。不过，因为减去的数多了，所以你需要再加上多出的这个数。利用补足数，你马上就能得出答案。那么，468 和 500 之间的差有多大？它们之间的差与 68 和 100 之间的差是一样的。如果你能按照上述方法找到 68 的补足数，你就能得出 468 与 500 之间的差，即 32。225 加上 32 等于 257，而它就是你想要的结果。

$$725-468 = 225+32 = 257$$

（先减 500） （再加 32）

计算下面这道三位数减法题：

$$\begin{array}{r} 821 \\ -\ 259 \\ \hline \end{array} (300-41)$$

要心算这道题，先用 821 减去 300，结果是 521；然后，再用 521 加上 59 的补足数 41，就可得到结果 562。运算过程如下：

$$821-259 = 521+41 = 562$$

−300 +41

请计算下面这道题：

$$\begin{array}{r} 645 \\ -\ 372 \\ \hline \end{array} (400-28)$$

对照你的心算过程是否与下面的过程相同：

$$645-372 = 245+28 = 265+8 = 273$$

−400 +20 +8

用一个四位数减去一个三位数也没有我们想象得那么难，例如：

$$\begin{array}{r} 1246 \\ -\ 579(600-21) \\ \hline \end{array}$$

对于这道题，首先要从1246当中减去600，即1246−600=646；然后再加上79的补足数21，其答案是：646+21=667。其运算过程如下：

$$\underset{-600}{1246-579} = \underset{+21}{646+21} = 667$$

练习下面的这些三位数减法题，本书后面附有参考答案与心算过程。如果觉得这些练习题还不够的话，你还可以多做一些类似的练习题。

练习：三位数减法

1. $\begin{array}{r} 583 \\ -\ 271 \\ \hline \end{array}$ 2. $\begin{array}{r} 936 \\ -\ 725 \\ \hline \end{array}$ 3. $\begin{array}{r} 587 \\ -\ 298 \\ \hline \end{array}$ 4. $\begin{array}{r} 763 \\ -\ 486 \\ \hline \end{array}$ 5. $\begin{array}{r} 204 \\ -\ 185 \\ \hline \end{array}$

6. $\begin{array}{r} 793 \\ -\ 402 \\ \hline \end{array}$ 7. $\begin{array}{r} 219 \\ -\ 176 \\ \hline \end{array}$ 8. $\begin{array}{r} 978 \\ -\ 784 \\ \hline \end{array}$ 9. $\begin{array}{r} 455 \\ -\ 319 \\ \hline \end{array}$ 10. $\begin{array}{r} 772 \\ -\ 596 \\ \hline \end{array}$

11. $\begin{array}{r} 873 \\ -\ 357 \\ \hline \end{array}$ 12. $\begin{array}{r} 564 \\ -\ 228 \\ \hline \end{array}$ 13. $\begin{array}{r} 1428 \\ -\ 571 \\ \hline \end{array}$ 14. $\begin{array}{r} 2345 \\ -\ 678 \\ \hline \end{array}$ 15. $\begin{array}{r} 1776 \\ -\ 987 \\ \hline \end{array}$

第三章

分配律：乘法心算的基本原则

在孩童时期，我可能是把过多的时间和精力都花在寻找更快进行乘法心算的方法上了。医生说我患有注意力不足过动症，并告诉父母说我的注意力无法集中，因此我的学习成绩可能会不怎么样。

幸运的是，父母并没有认同医生的这个观点，而在最初数年的求学期间我也有幸拥有几位非常有耐心的老师。也许，正是这种注意力不足过动症激发了我寻求快速计算数学题的方法的愿望。我想，我没有耐心用纸和笔进行数学运算。我也相信，一旦掌握了本章所讲的数学运算技巧，你也不会依赖纸和笔了。

在本章中，你将学会如何用心算的方法计算一位数与两位数和三位数的乘积；除此之外，你还将学会一种简便、快速的平方心算方法。在掌握了快速心算方法后，你的运算速度将大大提高，即使你那些利用计算器计算的朋友也无法超过你。相信我，每一个人都会因你的数学才能而目瞪口呆，因为你不仅是心算、而且是快速地计算出了此类数学题。我时常想，我们是不是被学校误导了，因为这些方法实在是太简单了，老师为什么不教我们呢?

在学习本章的技巧时，需要有一个小小的前提：你要掌握 1 至 10 的乘法口诀表。事实上，要想快速地进行乘法心算，你就需要对乘法口诀做到倒背如流。一旦掌握了乘法口诀表，你就可以开始学习本章讲述的技巧了。

1~10 乘法口诀表

×	1	2	3	4	5	6	7	8	9	10
1	1	2	3	4	5	6	7	8	9	10
2	2	4	6	8	10	12	14	16	18	20
3	3	6	9	12	15	18	21	24	27	30
4	4	8	12	16	20	24	28	32	36	40
5	5	10	15	20	25	30	35	40	45	50
6	6	12	18	24	30	36	42	48	54	60
7	7	14	21	28	35	42	49	56	63	70
8	8	16	24	32	40	48	56	64	72	80
9	9	18	27	36	45	54	63	72	81	90
10	10	20	30	40	50	60	70	80	90	100

一、两位数与一位数的乘法心算

如果能够按照第二章所讲的去做，你就已经养成了运用自左至右的加减法快速心算的习惯。在本章中，你还将运用这个运算法则。毫无疑问，这种方法与你在学校学到的方法是相反的。

不过，不久以后你就会发现，用自左至右的方法运算要比自右至左容易得多。有一点是不容置疑的：在没有计算完答案之前，你就可以开始大声地说出你的答案了。这就会使得你的运算速度看起来比你实际的运算速度还要快！计算下面这道题：

$$\begin{array}{r} 42 \\ \times\ 7 \\ \hline \end{array}$$

首先，计算 40×7=280（注意:40×7 类似于 4×7，只不过是在后面附带一个 0 而已）；接下来，计算 2×7=14；最后，计算 280+14=294，得出答案。其运算过程如下：

$$
\begin{array}{rr}
 & 42(40+2) \\
 & \times \quad 7 \\
\hline
40\times7= & 280 \\
2\times7= & +\ 14 \\
\hline
 & 294
\end{array}
$$

在这个运算过程中，我们省去了 280+14 的心算过程，因为这个过程在第二章已经讲过。在解答此类数学题的时候，你首先要在整体上对它有一个了解，知道该分几步去做。在实践中，你将会把这一步省去，并把它作为整体的一部分进行心算。

再举一例：

$$
\begin{array}{r}
48(40+8) \\
\times \quad 4 \\
\hline
\end{array}
$$

对于这道题，你第一步要做的就是把它分解成多个简单而又可以轻松进行心算的乘法运算题。因为 48=40+8，所以你可以先计算 40×4=160，然后计算 8×4=32，而它的答案则是 192（160+32）。其运算过程如下：

$$
\begin{array}{rr}
 & 48(40+8) \\
 & \times \quad 4 \\
\hline
40\times4= & 160 \\
4\times8= & +\ 32 \\
\hline
 & 192
\end{array}
$$

快速心算下面这两道题：62×3；71×9。你要尽量心算出来，然后再对照下面的心算方法与过程：

```
     62(60+2)                 71(70+1)
    ×     3                  ×     9
60×3=   180            70×9=     630
 2×3=+    6             1×9=+      9
        186                      639
```

这两个例子非常简单，因为在做加法运算的时候只是个位之间的相加。事实上，在计算 180+6 的时候，你就听到了答案：一百八十……六！另外，还有一种特别容易的乘法运算题，即：左边第一个数是“5”的乘法运算题。在这种情况下，当 5 与偶数相乘时，第一次运算的结果必定是 100 的倍数，这就使得后面的加法运算在转瞬之间完成。例如：

```
      58(50+8)
     ×     4
50×4=    200
 8×4=+    32
         232
```

请计算下面这道题：

```
      87(80+7)
     ×     5
80×5=    400
 7×5=+    35
         435
```

注意到了吗？用自左至右的方法计算这道题是不是更容易？相对于用纸和笔“先写下 5，再进位 3”，自左至右地计算“400 加 35”是不是更节省时间？

下面这两道题就有一定的难度了：

```
         38(30+8)             67(60+7)
       ×    9               ×    8
30×9=     270      60×8=    480
 8×9= +    72       7×8= +   56
          342                536
```

同以往一样，对于这样的题，我们还是要把它们分解成为更容易的题。对于第一道题，30×9 加上 8×9 就等于 270+72，这个加法题就稍微有点难了，因为它涉及了进位。不过，你可以这样计算：270+70+2=340+2=342。

当你熟练之后，即使此类稍微麻烦的算术题也会成为你的拿手好戏；对于需要进位的运算，你也能很轻松地处理，就好像进位不存在似的。

1. 取整法

通过第二章，你已经知道无论是加法还是减法，取整法都是非常有用的一种方法。同样，取整法对于乘法运算也是非常有用的，特别是当个位数是 8 或者 9 的时候。

就拿 69×6 作例子来说明吧。下面列出的是两种解答法，左边是我们通常采用的方法，而右边则是采用取整法进行的运算（69 取整为 70）：

```
         69(60+9)              69(70−1)
       ×    6                ×    6
60×6=     360        70×6=    420
 9×6= +    54      −1×6= −      6
          414                 414
```

下面这个例子更加证明了取整法的用处：

$$
\begin{array}{rr}
 & 78(70+8) \\
 & \times\ \ 9 \\
\hline
70\times9= & 630 \\
8\times9= & +\ 72 \\
\hline
 & 702
\end{array}
\qquad
\begin{array}{rr}
 & 78(80-2) \\
 & \times\ \ 9 \\
\hline
80\times9= & 720 \\
-2\times9= & -\ 18 \\
\hline
 & 702
\end{array}
$$

这种减法方法（减去一个数的方法，在后面将会多次提到）对于与 10 的倍数只差 1 或者 2 的数来说是非常管用的。不过，如果差数超过 2 的话，这种方法就不那么管用了，因为需要减去的部分会使运算复杂化。因此，你也许会更喜欢采用加法方法计算。就个人而言，对于此类的算术题，我只采用加法方法（加上一个数的方法），因为这样就不会在选择方法上浪费时间。

所以，你尽可以好好练习你的技术。我的建议是：你可以做更多两位数与一位数相乘的练习题。下面 20 道题供你练习使用，答案附在本书后面。如果觉得这些练习题还不够的话，你可以给自己出一些练习题，先心算，然后再用计算器检查你的答案。如果你觉得有信心快速心算出此类乘法题，你就可以学习后文更加困难的心算方法了。

练习：两位数与一位数相乘

1. $\begin{array}{r} 82 \\ \times\ 9 \\ \hline \end{array}$
2. $\begin{array}{r} 43 \\ \times\ 7 \\ \hline \end{array}$
3. $\begin{array}{r} 67 \\ \times\ 5 \\ \hline \end{array}$
4. $\begin{array}{r} 71 \\ \times\ 3 \\ \hline \end{array}$
5. $\begin{array}{r} 93 \\ \times\ 8 \\ \hline \end{array}$
6. $\begin{array}{r} 49 \\ \times\ 9 \\ \hline \end{array}$
7. $\begin{array}{r} 28 \\ \times\ 4 \\ \hline \end{array}$
8. $\begin{array}{r} 53 \\ \times\ 5 \\ \hline \end{array}$
9. $\begin{array}{r} 84 \\ \times\ 5 \\ \hline \end{array}$
10. $\begin{array}{r} 58 \\ \times\ 6 \\ \hline \end{array}$

11. 97×4　12. 78×2　13. 96×9　14. 75×4　15. 57×7

16. 37×6　17. 46×2　18. 76×8　19. 29×3　20. 64×8

二、三位数与一位数的乘法心算

知道了如何进行两位数与一位数的乘法心算之后，你就会发现三位数与一位数的乘法心算也不那么难了。现在，计算下面这道三位数与一位数的乘法心算题：

$$\begin{array}{rr} & 320(300+20) \\ & \times\ \ 7 \\ \hline 300\times7= & 2100 \\ 20\times7= & +\ \ 140 \\ \hline & 2240 \end{array}$$

这道题是不是很简单呢？（如果觉得这道题有难度的话，你可能需要回顾一下第二章所讲的关于加法运算的内容了。）计算下面这道题：326×7。与刚才计算的那道题相比，这道题稍微有一点儿难度，因为原来的 0 被 6 所取代了，所以在心算时你要进行的步骤就要多一步：

$$\begin{array}{rr} & 326(300+20+6) \\ & \times\ \ 7 \\ \hline 300\times7= & 2100 \\ 20\times7= & +\ \ 140 \\ \hline & 2240 \\ 6\times7= & +\ \ 42 \\ \hline & 2282 \end{array}$$

对于这道题，你只需将 6 与 7 的乘积 42 与刚才计算的那道题的结果 2240 相加就可以了。由于 2240 与 42 相加不需要进位，你能够很容易地得到答案 2282。

在进行三位数与一位数的乘法运算时，可能最难做到的是在记住第一次运算结果（如上题的 2240）的同时，进行下一个乘法运算（如上题的 6×7）。在记忆第一个数字（如 2240）方面是没有什么诀窍的，不过我可以肯定地说，在经过反复练习之后，你的注意力会得到提升，从而使你在记住一些数字的同时能够轻松地进行其他运算。计算下面这道题：

```
          647(600+40+7)
        ×   4
600×4=   2400
 40×4= +  160
         2560
  7×4= +   28
         2588
```

是不是很简单呢？采用同样的方法，即使很大的数字心算起来也会很简单的，例如：

```
          987(900+80+7)
        ×   9
900×9=   8100
 80×9= +  720
         8820
  7×9= +   63
         8883
```

对于初次采用这种方法进行心算的人来说，在计算的过程中，你可能会不自觉地朝前边看，以确保自己记住原题。在开始的时候，这样做是没有关系的。不过，最终你还是要改掉这个习惯，因为它会降低你的计算速度。

在上面关于两位数与一位数乘法心算的内容中，我们已经讲到，以 5 开始的数的乘法运算往往会容易一些，这个现象同样适用于三位数与一位数的乘法心算。例如：

```
          563(500+60+3)
        ×   6
500×6=   3000
 60×6= +  360
         3360
  3×6= +   18
         3378
```

注意，无论在什么时候，第一步心算的结果永远都是 1000 的倍数，因此接下来的加法运算就不是什么问题了。这是因为：第一，不存在进位的可能；第二，千位数是不会变化的。如果在他人面前表演类似的乘法心算，你就可以非常自信地大声说出第一步（或者第一位数）的结果，如上题的“3000”，因为它是不会进位到 4000 的。（如果快速地给出第一位数，你就会营造一种假象：你已经算出了答案！）即使在单独练习的时候，你也可以大声地把第一位数说出来，这样你就不用再记住这个数字，从而将更多的精力放在剩下的两位数与一位数相乘的问题上，而对此你也可以同样大声地把余下的答案说出来，如上题的“378”。

用同样的方法计算下面这道乘数是 5 的乘法题：

$$\begin{array}{rr} & 663(600+60+3) \\ & \times \quad 5 \\ \hline 600\times5= & 3000 \\ 60\times5= & +\ 300 \\ \hline & 3300 \\ 3\times5= & +\ 15 \\ \hline & 3315 \end{array}$$

因为被乘数的前两位都是偶数，所以在进行心算的时候，我们可以说这道题就没有进行加法运算！你是不是希望所有的乘法题都像这道题一样容易呢？

太容易了？好，我们增加一下难度，计算下面需要进位的乘法运算题：

$$\begin{array}{rr} & 184(100+80+4) \\ & \times \quad 7 \\ \hline 100\times7= & 700 \\ 80\times7= & +\ 560 \\ \hline & 1260 \\ 4\times7= & +\ 28 \\ \hline & 1288 \end{array}$$

$$\begin{array}{rr} & 684(600+80+4) \\ & \times \quad 9 \\ \hline 600\times9= & 5400 \\ 80\times9= & +\ 720 \\ \hline & 6120 \\ 4\times9= & +\ 36 \\ \hline & 6156 \end{array}$$

下面这两道题需要在运算的最后一步进位，而不是一开始就进位：

$$\begin{array}{rr} & 648(600+40+8) \\ & \times \quad 9 \\ \hline 600\times9= & 5400 \\ 40\times9= & +\ 360 \\ \hline & 5760 \\ 8\times9= & +\ 72 \\ \hline & 5832 \end{array}$$

$$\begin{array}{rr} & 376(300+70+6) \\ & \times \quad 4 \\ \hline 300\times4= & 1200 \\ 70\times4= & +\ 280 \\ \hline & 1480 \\ 6\times4= & +\ 24 \\ \hline & 1504 \end{array}$$

上面两道题的第一部分是很容易进行心算的，后半部分的难点在于：你不仅要记住初步计算的结果，还要通过进一步心算才能得出最终的结果。对于第一题，你很容易就能计算 5400+360=5760，不过在计算 8×9=72 的同时你还要记住 5760 这个数；接下来，你还要进行 5760+72 的加法运算。一般情况下，我会在还没有结束计算之前就已经开始大声说出答案了，因为我知道在进行 60+72 运算的时候是需要进位的，所以我知道 5700 将会成为 5800。因此，我会说“五千八百……”然后我再停下来计算 60+72=132。因为已经进位了，所以我只要说出最后两位数就可以了：“三十二！”答案也就出来了，即 5832。

在下面两题中，每题都需要进两次位，所以与前面两题相比，你会需要更长的时间。不过，熟能生巧，在熟练之后，你的计算速度就会加快。

```
        489(400+80+9)              224(200+20+4)
      ×   7                      ×   9
      ———————                    ———————
400×7= 2800               200×9= 1800
 80×7=+ 560                20×9=+ 180
      ———————                    ———————
       3360                       1980
  9×7=+  63                 4×9=+  36
      ———————                    ———————
       3423                       2016
```

在第一次计算此类题时，你要大声地说出每一步计算的答案。拿上面第一题来说，一开始，你会不断地重复“两千八百加上五百六十”，从而加深记忆，与此同时你要把它们加起来；然后在大声重复上一步运算结果“三千三百六十”的同时，进行 9×7=63 的乘法运算；然后在大声重复“三千三百六十加上六十三”的同时，计算这道题的最终答案：3423。如果你的心算速度很快，能够意识到 60+63 要进位 1，你就可以在知道答案之前的一瞬间开始给出这道题的答案“三千四百……二十三”！

关于三位数与一位数的乘法心算，我就讲到这里。不过，在结束这一节之前，我将介绍另外一种具有特殊特征的三位数与一位数相乘的题。不过，不用担心，你马上就能把它们心算出来，因为它们只需进行一次加法运算，而不是两次。例如：

$$\begin{array}{rr} & 511\,(500+11) \\ & \times\quad 7 \\ \hline 500\times7= & 3500 \\ 11\times7= & +\quad 77 \\ \hline & 3577 \end{array}$$

$$\begin{array}{rr} & 925\,(900+25) \\ & \times\quad 8 \\ \hline 900\times8= & 7200 \\ 25\times8= & +\ 200 \\ \hline & 7400 \end{array}$$

$$\begin{array}{rr} & 825\,(800+25) \\ & \times\quad 3 \\ \hline 800\times3= & 2400 \\ 25\times3= & +\quad 75 \\ \hline & 2475 \end{array}$$

通常来说，如果不用计算就能知道被乘数的后两位数与乘数的乘积（例如，25×8=200 这样早已了然于心的计算），你就能够快速得到最终的答案。例如，如果不用计算就能知道 75×4=300 的话，你就能够轻而易举地得出 975×4 的答案：

$$\begin{array}{rr} & 975\,(900+75) \\ & \times\quad 4 \\ \hline 900\times4= & 3600 \\ 75\times4= & +\ 300 \\ \hline & 3900 \end{array}$$

为了熟练掌握已经学习的关于三位数与一位数乘法心算的技巧，请你心算下列各题，然后对照附在本书后面的答案与方法。

根据经验，我可以肯定地说，练习心算就如同骑自行车或者打字：在最初的时候，它看起来是不可能的事；不过，一旦熟练地掌握了技巧，你将一辈子都不会忘记该怎么做。

练习：三位数与一位数相乘

1. 431×6
2. 637×5
3. 862×4
4. 957×6
5. 927×7
6. 728×2
7. 328×6
8. 529×9
9. 807×9
10. 587×4
11. 184×7
12. 214×8
13. 757×8
14. 259×7
15. 297×8
16. 751×9
17. 457×7
18. 339×8
19. 134×8
20. 611×3
21. 578×9
22. 247×5
23. 188×6
24. 968×6
25. 499×9
26. 670×4
27. 429×3
28. 862×5
29. 285×6
30. 488×9
31. 693×6
32. 722×9
33. 457×9
34. 767×3
35. 312×9
36. 691×3

三、两位数平方的心算法

数字平方的心算是最容易、也是最能展现表演才能的算术类型之一。尽管过去了这么多年，我至今还能回想起自己当年发现数字平方心算诀窍的情景。当时，十三岁的我坐在一辆公交车上，前往克利夫兰市中心看望在那里工作的父亲。我经常这样乘车去看望父亲，可能是不用担心迷路的缘故，我禁不住会想些其他的事情。也不知道为什么，我开始想到那些加起来等于 20 的数字。我好奇地想，符合这个条件的两个数的乘积会是多少呢？

我开始从中间的 10×10（或者 10^2）算起，当然它的乘积是 100。接下来，我计算 $9 \times 11=99$、$8 \times 12=96$、$7 \times 13=91$、$6 \times 14=84$、$5 \times 15=75$、$4 \times 16=64$……我注意到，它们的乘积越来越小，而这些乘积与 100 的差是 1、4、9、16、25、36……或者 1^2、2^2、3^2、4^2、5^2、6^2……见下表：

和等于 20 的两个数		各自与 10 之差（取正）	乘积	乘积与 100 之差
10	10	0	100	0
9	11	1	99	1
8	12	2	96	4
7	13	3	91	9
6	14	4	84	16
5	15	5	75	25
4	16	6	64	36
3	17	7	51	49
2	18	8	36	64
1	19	9	19	81

我在发现了这个模式之后很是吃惊。接下来，我把 20 换成了 26，得到了类似的结果。首先，我计算出 $13^2=169$，然后计算

出 12 × 14 = 168、11 × 15 = 165、10 × 16 = 160、9 × 17 = 153……如前所示，169与每两个数的乘积之差分别是 1、4、9、16、25、36……或者 1^2、2^2、3^2、4^2、5^2、6^2……见下表：

和等于 26 的两个数		各自与 13 之间的差（取正）	乘积	乘积与 169 之差
13	13	0	169	0
12	14	1	168	1
11	15	2	165	4
10	16	3	160	9
9	17	4	153	16
8	18	5	144	25
7	19	6	133	36
6	20	7	120	49
5	21	8	105	64
4	22	9	88	81
3	23	10	69	100
2	24	11	48	121
1	25	12	25	144

事实上，在代数当中有一个非常简单的道理能够说明这种现象。不过，对于当时少不更事的我来说，我所知道的代数理论知识并不多，我也不能证明这种现象是普遍存在的。不过，我用很多的例子（类似于穷举法）使自己相信这种现象是普遍存在的。

当时，我突然意识到这个模式可能有助于我更加容易地计算数字的平方数。例如：13^2= ？我不想直接计算 13 × 13 等于多少。为什么不通过比较容易计算、其和又等于 26 的两个数的乘积而得到一个接近的答案呢？于是，我选择 10 × 16 = 160；然后我又加上了 3^2=9（10 与 16 分别与 13 之间相差 3）。因而，13^2 = 160 + 9 = 169。干脆利落，不是吗？其运算过程如图所示：

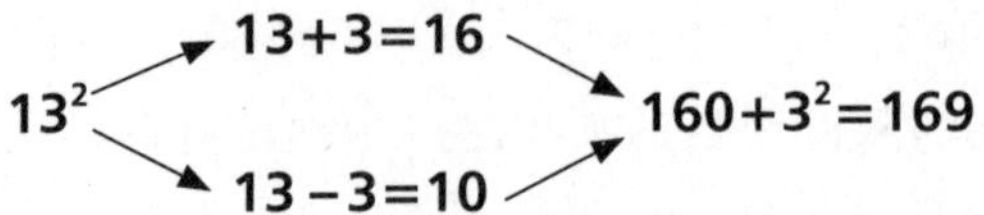

现在，我们采用这种方法计算另外一个数的平方：

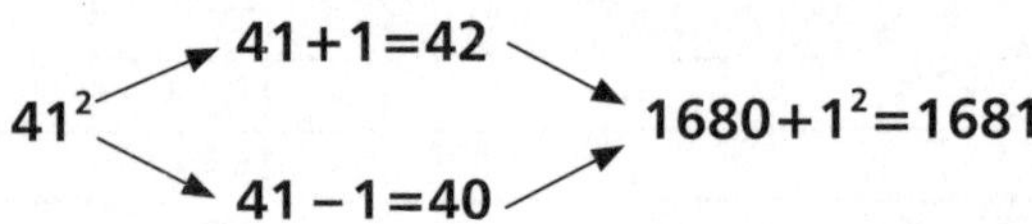

在计算 41 的平方时，先用 41 减去 1 得 40，再用 41 加上 1 得 42；然后，计算 42×40。不要惊慌！这不过是一个遮掩起来的两位数与一位数的乘法题而已，即：42×4。因为 42×4=168，所以，42×40=1680。计算到这一步，你马上就能够得到答案了，而你所要做的只不过是再加上 1（41 与 40 和 42 的差——取正数）的平方数而已。所以，你最终的答案是：1680+1=1681。

难道计算两位数的平方就这么容易吗？不错，采用这个方法，并多做一些练习，求两位数的平方数就是这么容易。无论“取上为整”还是“取下为整”，这个方法都很管用。我们还是举个例子来说明吧，如计算 77^2。

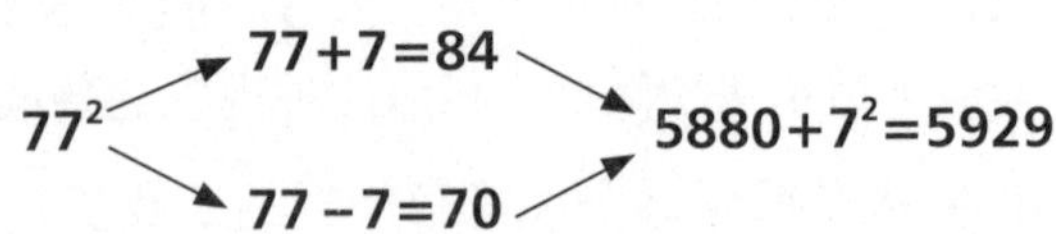

或

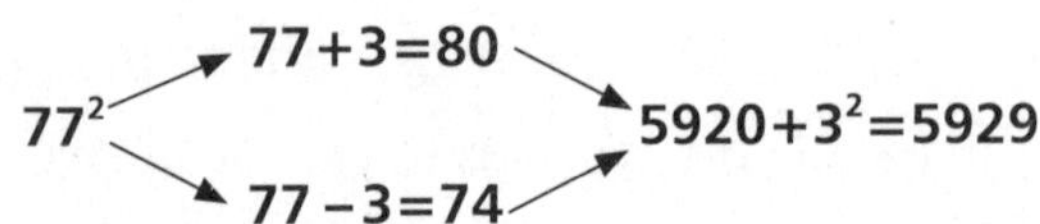

对于这道题，“取上为整”的优点在于，在完成了乘法运算之后，你事实上已经得出了答案，因为在进行加法运算的时候你只要把 0 换成 9 就可以了！

事实上，在计算所有两位数的平方数时，“取上为整”或者“取下为整”取决于它是否最靠近 10 的倍数。所以，如果一个两位数的个位数是 6、7、8 或者 9，在计算它的平方时要“取上为整”；相反，如果它的个位数是 1、2、3 或者 4，就要“取下为整”；如果个位数是 5，你既可以取上也可以取下。采用这种方法，在遇到第一种情况时，你只需在第一次运算的乘积之后加上 1、4、9、16 或者 25 就可以了。

还是举个例子吧，请心算 56 的平方数，然后再看看我们是怎么做的：

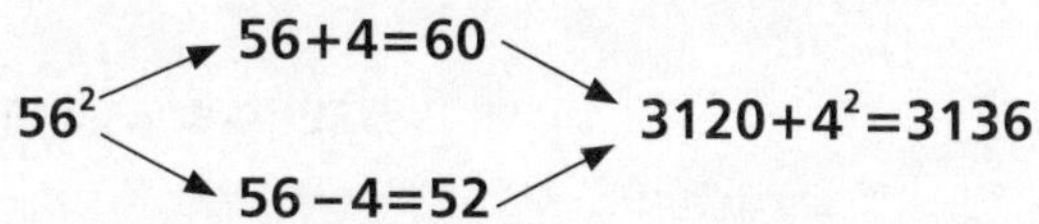

计算个位数为 5 的数的平方甚至会更容易。由于计算这样的数的平方既可取上又可取下，而两个相乘的数都是 10 的倍数，因此，计算过程中的乘法与加法就特别简单。例如 :85^2 和 35^2。

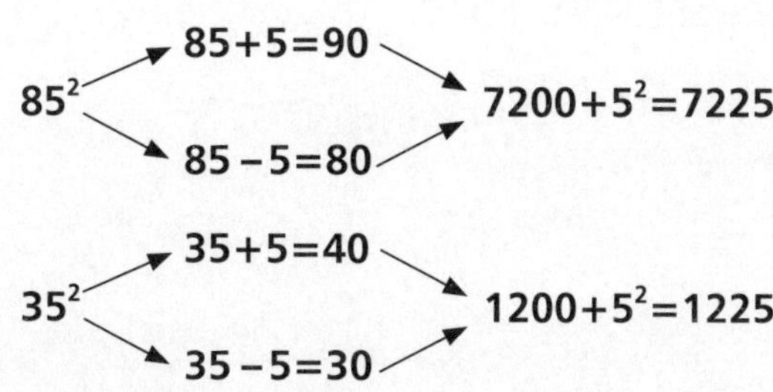

正如你在第一章所学的那样，在计算以5结尾的数的平方时，取上和取下会使你马上得出第一步运算的结果，然后再在这个乘积后面添加上25就可以了。例如，如果你想要计算75^2，取上80和取下70，你将得到答案“五千六百……二十五”！

对于结尾是5的数，不费吹灰之力，你就可以轻松打败计算器。对于其他两位数的平方，只要多加练习，不久之后你也会打败计算器的，即使较大的数也不足畏惧。你可以请别人选一个真正的大数。从表面上看，他给你出了一个极大的、似乎是不可能完成的难题，而事实上这些数算起来会更容易，因为你取上为整的数将是100。

假如说，你的朋友要你计算96的平方。你可以先试着心算，然后再与我们做的对照一下：

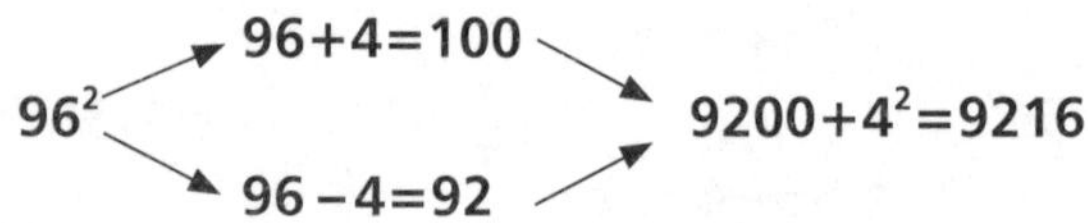

是不是很容易？你应当取上，96+4=100，96−4=92，然后用100×92=9200。在计算到这里的时候，你就可以大声说出“九千二百”，然后用“一十六”作结尾。当然，你精彩的表演会为你赢得热烈的掌声！

练习：两位数的平方

1.	14^2	2.	27^2	3.	65^2	4.	89^2	5.	98^2
6.	31^2	7.	41^2	8.	59^2	9.	26^2	10.	53^2

11. 21^2 12. 64^2 13. 42^2 14. 55^2 15. 75^2

16. 45^2 17. 84^2 18. 67^2 19. 103^2 20. 208^2

泽拉·科尔伯恩：以心算为乐趣的快速心算大师

著名的快速心算大师泽拉·科尔伯恩于1804年出生在美国佛蒙特州一个农场主的家庭。可以说，科尔伯恩是一个数学天才，因为在还不会读或写的时候，他就已经能够背诵1至10的乘法口诀了。到六岁的时候，父亲就带着他向观众表演，展示他那出众的数学天分，而这也为他筹集到了赴法国巴黎和英国伦敦学习的学费。八岁的时候，在英国表演快速心算的科尔伯恩已经闻名世界，并被《纪事年鉴》（*Annual Register*）称作是“现存人类智能史上最为奇特的现象”。英国的物理学家、化学家迈克尔·法拉第和美国的电报发明人塞缪尔·莫尔斯都对他推崇有加。

无论走到哪里，科尔伯恩都能快速、准确地应对挑战。在自传中，科尔伯恩讲到了1811年6月他在美国新罕布什尔州被提问时的情景：“从公元元年到1811年，一共有多少天？多少小时？在20秒钟之内，我给出了答案——66,015天；15,864,360小时。在11年之内有多少秒钟？在4秒钟之内，我就给出了答案——346,896,000秒。”采用与本书介绍的相同的方法，科尔伯恩完全依靠心算，回答了人们提出的问题。例如，他会把大的数字分解成多个小的因数，然后再进行乘法运算。例如，一次在计算21,734×543时，科尔伯恩把乘数543分解成181×3，然后计算21,734×181＝3,933,854，然后再用这个数乘以3，最终得出了答案11,801,562。

也许是把快速心算看作是司空见惯的事情，人们对科尔伯恩神奇数学技能的兴趣也随着时间的流逝而不断减弱，直到消失。在二十岁时，科尔伯恩返回美国，转而成为卫理公会教派的一名传教士，并于1839年去世，享年三十五岁，可谓英年早逝。

四、为什么这些诀窍能起作用？

为什么我们的方法能管用呢？也许一些好奇的老师、学生、数学迷们想要了解其中的奥秘。本板块内容就是要讲明其中的原理，以满足他们的好奇心。有些人可能认为这种方法既有趣，又实用。不过，幸运的是，你可以大胆使用这种方法，而无须知道其中的原理。当然，任何一个魔法背后都有一个合理的解释，数学诀窍也不例外。在这里要讲的，是本数学魔术师揭示的最不为人知的秘密！

在关于乘法运算的本章中，我们所运用的是乘法分配律，即：两个数的和与一个数相乘的积，等于每一个加数分别与这个数相乘，再把所得的积加起来。对于任意数a、b和c：

$$(b+c)\times a=(b\times a)+(c\times a)$$

也就是说，括号外的数a分别与括号内的数b和c相乘，然后再把它们的积相加。例如：本章第一道乘法心算题42×7，我们把42分解成40+2，然后再分别与7相乘，并把它们的积相加，其运算过程如下：

$$42\times7=(40+2)\times7=(40\times7)+(2\times7)$$
$$=280+14=294$$

你可能会想，这个乘法分配律为什么会管用呢？为了能够有一个直观的理解，我不妨举一个实实在在的例子：假设你有 7 个袋子，每个袋子里面装有 42 枚硬币，其中 40 枚是金币、2 枚是银币，那么一共有多少枚硬币呢？对于这样一道题，有两种算法：第一种，根据乘法的定义，7 袋硬币一共有 42×7 枚硬币；第二种，共有 40×7 枚金币和 2×7 枚银币，所以 7 袋硬币一共有（40×7）+（2×7）枚硬币。通过这两种解答方法，我们可以得出这样一个等式：42×7=（40×7）+（2×7）。注意，这个等式中的 7、40 和 2 可以用任意数 a、b 和 c 代替，而其逻辑也同样适用。这就是为什么乘法分配律会起作用！

如果硬币袋里装有金币、银币和铜币，根据同样道理，我们可以得出下面的这个公式：

$$(b+c+d)\times a=(b\times a)+(c\times a)+(d\times a)$$

因此，在计算 326×7 时，我们把 326 分解成 300+20+6，然后再分别与 7 相乘，即：326×7=（300+20+6）×7=（300×7）+（20×7）+（6×7），然后我们就得到了答案。

至于平方数的计算，下面的这个代数式可以证明我的做法是合理的，也是正确的。对于任意数 A 和 d：

$$A^2=(A+d)\times(A-d)+d^2$$

在这里，A 是被平方的数，d 可以是任意数；不过，对于 d 的值，我选择 A 与 A 最接近的整十数的差数。所以，对于 77^2，我使 d=3，根据上述公式，我们就可以计算：77^2=（77+3）×

（77－3）$+3^2=5929$。下面的这个代数式也能够解释我计算数字平方数的方法：

$$(z+d)^2=z^2+2zd+d^2=z(z+2d)+d^2$$

所以，在计算 41 的平方数时，使 z=40，d=1, 我们就得到：

$$41^2=(40+1)^2=40\times(40+2)+1^2=1681$$

同理：

$$(z-d)^2=z^2-2zd+d^2=z(z-2d)+d^2$$

当 z=80、d=3 时，

$$\begin{aligned}77^2&=(80-3)^2=80\times(80-6)+3^2\\&=80\times74+9\\&=5929\end{aligned}$$

第四章

新颖的乘法运算：间接相乘法

数学魔法的确会令你在当众表演的时候兴奋激动。我至今还清楚地记得，我的第一次公开表演是在八年级的时候，当时的我年仅十三岁！不过，许多数学魔术师第一次登台表演的年龄甚至比我还小。例如，据说泽拉·科尔伯恩（1804—1839）早在会读写之前就已经能够进行快速心算了，而在年仅六岁的时候就已经登台表演，给观众带来快乐了！在我十三岁的时候，数学老师把一道数学题的答案 108^2 写在黑板上。我感到这个答案没有运算彻底，于是就大声地说："108 的平方是 11,664。"

我的数学老师说，她从来都没有听说过我讲的那种方法。我兴奋极了，甚至在脑海里冒出了"本杰明定律"之类的想法。事实上，我相信我发现了新的东西。数年之后，当我在马丁·加德纳关于趣味数学的书籍《数学狂欢节》（*Mathematical Carnival*）中看到他介绍的这种方法后，我感到天就要塌下来了！尽管如此，我还是因自己发现了这种方法而激动不已。

你同样可以通过一些相当神奇的数学心算给你的朋友（或者老师）留下深刻的印象。到第三章结束之时，你已经学会了如何心算出两位数的平方数（即两位数自乘）。在本章中，你将学会如何快速计算任意两个两位数的乘积。相对于求一个数的平方来说，这是一个既具挑战、又有创新的任务。除此之外，你还将学会求三位数平方数的心算法。不过，你既可以先学两位数与两位数相乘的心算法，也可以先学三位数平方的心算法，二者之间是不分先后的。

一、两位数与两位数的乘法心算

在计算两位数的平方时，方法一直都是一样的。不过，在进行两位数与两位数的乘法运算时，你可以运用多种不同的方法，而其结果则是殊途同归。对我来说，这就是数学的趣味所在。

你将要学习的第一个方法就是"加法方法"。采用"加法方法"，你可以进行任意两个两位数的乘法运算。

1. 加法方法

采用"加法方法"计算任意两个两位数的乘积，你只需两个运算步骤：第一步，进行两位数与一位数之间的乘法运算；第二步，将运算的结果相加。例如：

$$\begin{array}{rr} & 46 \\ & \times \quad 42\,(40+2) \\ \hline 40\times46= & 1840 \\ 2\times46= & +\quad 92 \\ \hline & 1932 \end{array}$$

对于这道题，我们先把 42 分解成 40 和 2 两个容易运算的数，然后计算乘法 40×46=1840（如果把 0 先去掉，这其实就是一个两位数与一位数之间的乘法运算）和 2×46=92，最后计算加法 1840+92=1932。其计算过程如上列式所示。

我们现在采用另一种方法来计算这道题：

$$\begin{array}{rr} & 46\,(40+6) \\ & \times \quad 42 \\ \hline 40\times42= & 1680 \\ 6\times42= & +\quad 252 \\ \hline & 1932 \end{array}$$

对于这种方法，它的缺点就在于：与 2×46 相比，6×42 就比较难一些；另外，在进行加法运算时，1680+252 也要比 1840+92 难一些。那么，怎样才能选择比较容易的计算方法呢？一般来说，我会选择乘积容易相加的方法。在大多数（但并非所有）情况下，我会分解个位数较小的那个数，因为那样的话需要相加的数就比较小。

计算下面两道题：48×73 和 81×59。

```
          48                    81(80+1)
      ×   73(70+3)          ×   59
48×70=  3360          80×59=  4720
 48×3=+  144           1×59=+   59
        3504                  4779
```

后面的这道题说明了人们为什么倾向于分解个位数为 1 的数。如果相乘的两个数的个位数相同，你就应当分解较大的那个数。例如：

```
          84(80+4)
      ×   34
80×34=  2720
 4×34=+  136
        2856
```

如果相乘的两个数中的一个比另一个大得多，分解较大的那个数是很值得的，即使这个较大的数的个位数要大一些。在对下面两种不同的计算方法进行比较之后，你就会知道其中的奥秘了：

$$\begin{array}{rr} & 74(70+4) \\ & \times\ 13 \\ \hline 70\times13= & 910 \\ 4\times13= & +\ 52 \\ \hline & 962 \end{array} \qquad \begin{array}{rr} & 74 \\ & \times\ 13(10+3) \\ \hline 74\times10= & 740 \\ 74\times3= & +\ 222 \\ \hline & 962 \end{array}$$

你是否觉得第一种算法比第二种算法要容易一些呢？我是这样认为的。

凡事都是有例外的，所以“例外”对于上述观点也是适用的。当一个偶数与一个十位数为 5 的两位数相乘时，你最好分解后者。例如：

$$\begin{array}{rr} & 84 \\ & \times\ 59(50+9) \\ \hline 84\times50= & 4200 \\ 84\times9= & +\ 756 \\ \hline & 4956 \end{array}$$

尽管 84 的个位数 4 比 59 的个位数 9 要小得多，但分解 59 之后得到的第一个乘积是 100 的倍数（即 4200），这就使得下面的乘积相加比较容易一些。

计算下面这道简单的乘法题：

$$\begin{array}{rr} & 42 \\ & \times\ 11(10+1) \\ \hline 42\times10= & 420 \\ 42\times1= & +\ 42 \\ \hline & 462 \end{array}$$

尽管上面这道题的计算方法非常简单，但是我还有一种更快、更简便的计算任意两位数与 11 相乘的方法。这种方法是数学魔法中最好的一种方法：你甚至不敢相信还有这么好的方法（除非你已经记住了第一章中所讲的）！

这种方法到底是什么呢？假设一个两位数的数字之和小于或者等于 9，要计算它与 11 的乘积，你只需把它的数字之和放在这个两位数之间就可以了。例如，要计算 42×11，你首先要计算 4+2=6，然后再把 6 放在 4 和 2 之间就得到了这道题的答案 462，即：

$$\begin{array}{r} 42 \\ \times\ 11 \\ \hline \end{array} \qquad \frac{4\quad 2}{6} = 462$$

采用同样的方法计算 54×11：

$$\begin{array}{r} 54 \\ \times\ 11 \\ \hline \end{array} \qquad \frac{5\quad 4}{9} = 594$$

是不是很简单？你所要做的就是把 5 与 4 之和 9 放在它们之间就可以了。

你可能在想，如果两个数之和大于9，那该怎么办呢？在这种情况下，你要先为十位数加1，然后再把两个数之和的个位数放在十位数与个位数之间。例如：在计算76×11时，由于7+6=13，所以你首先要为十位数的7加1（即8），然后再把两数之和13的个位数3放在8和6之间，也就得出了这道题的答案：836。如下所示：

$$\begin{array}{r} 76 \\ \times\ 11 \\ \hline \end{array} \qquad \frac{7\quad 6}{1\,3} = 836$$

再举一例：68 × 11= ?

```
   68        6   8
 × 11       ------ = 748
 ----        1 4
```

一旦掌握了这种诀窍，你永远都不会再采用其他方法计算任意两位数与 11 相乘的乘法运算了。计算下列各题，然后对照附在本书后面的答案。

练习：与 11 相乘的运算

```
1.   35        2.   48        3.   94
   × 11           × 11           × 11
   ----           ----           ----
```

还是回到“加法方法”的这个正题上来吧！接下来要讲的将是你第一次遇到的富有挑战的运算题。请心算 89 × 72。如果需要多次运算，没关系！

```
               89
           ×   72(70+2)
           --------
89×70=       6230
 89×2=   +    178
           --------
             6408
```

计算对了吗？是第几次算对的？如果你是在第一次或者第二次计算正确的话，这表明你做的已经很不错了。对于两位数乘两位数的乘法题来说，这道题可以说有一定的难度。如果没有得出正确的答案，不要担心。在接下来的两节当中，我将介绍一些解决此类数学题的简便方法。不过，在继续向下讲之前，你还是要通过下列各题对“加法方法”进行练习。

练习：两位数相乘的“加法方法”

1. $\begin{array}{r} 31 \\ \times\ 41 \\ \hline \end{array}$

2. $\begin{array}{r} 27 \\ \times\ 18 \\ \hline \end{array}$

3. $\begin{array}{r} 59 \\ \times\ 26 \\ \hline \end{array}$

4. $\begin{array}{r} 53 \\ \times\ 58 \\ \hline \end{array}$

5. $\begin{array}{r} 77 \\ \times\ 43 \\ \hline \end{array}$

6. $\begin{array}{r} 23 \\ \times\ 84 \\ \hline \end{array}$

7. $\begin{array}{r} 62 \\ \times\ 94 \\ \hline \end{array}$

8. $\begin{array}{r} 88 \\ \times\ 76 \\ \hline \end{array}$

9. $\begin{array}{r} 92 \\ \times\ 35 \\ \hline \end{array}$

10. $\begin{array}{r} 34 \\ \times\ 11 \\ \hline \end{array}$

11. $\begin{array}{r} 85 \\ \times\ 11 \\ \hline \end{array}$

2. 减法方法

“减法方法”在相乘的数以 8 或 9 结尾（即个位数为 8 或 9）时最为简便。下面的这个例子就说明了这一点：

$$\begin{array}{rr} & 59\,(60-1) \\ & \times\quad 17 \\ \hline 60\times17= & 1020 \\ -1\times17= & -\quad 17 \\ \hline & 1003 \end{array}$$

许多人认为，“加法方法”要比“减法方法”更容易一些。不过，在通常情况下，减去一个小数要比加一个大数更容易。例如，对于这道题，如果采用“加法方法”，就需要进行 850＋153＝1003 这样比较难的加法运算。

现在，我们采用“减法方法”计算上一节那道具有挑战性的乘法题：

$$
\begin{array}{rr}
 & 89(90-1) \\
 & \times \quad 72 \\
\hline
90\times72= & 6480 \\
-1\times72= & -\quad 72 \\
\hline
 & 6408
\end{array}
$$

这样算起来是不是容易得多？计算下面这道题：

$$
\begin{array}{rr}
 & 88(90-2) \\
 & \times \quad 23 \\
\hline
90\times23= & 2070 \\
-2\times23= & -\quad 46 \\
\hline
 & 2024
\end{array}
$$

对于这道题，我们应当把 88 分解成 90－2，然后再计算 90×23=2070。不过，我们还要把多乘进去的数 2 × 23=46 减去。2070 减去 46 之后，我们就得到了这道题的答案 2024。

我在这里要强调的是，心算出这些乘法题的答案是非常重要的，而不仅仅是看我们的运算过程。在进行心算时，你可以自言自语或者大声地说出你的心算过程，从而巩固心算的方法。

在进行两位数的乘法运算时，“减法方法”不仅适用于个位数是 8 或者 9 的数，而且还适用于十位数是 9 的数，因为与 100 相乘是非常容易计算的。例如，如果某人让我计算 96×73，我会毫不犹豫地把 96 看作是 100－4：

$$
\begin{array}{rr}
 & 96(100-4) \\
 & \times \quad 73 \\
\hline
100\times73= & 7300 \\
-4\times73= & -\quad 292 \\
\hline
 & 7008
\end{array}
$$

在进行乘法心算时，如果相减的两个数需要借用一个数时，补足数（关于补足数，我们在第二章中已经讲过）将有助于你快速寻找到答案。例如，计算下面的这道减法题：340−78。首先，我们知道它的答案肯定是200多，40与78的差是38，而38的补足数是62，因此这道题的答案就是262！

$$\begin{array}{r} 340 \\ -\ \ 78 \\ \hline 262 \end{array} \qquad \begin{array}{c} 78-40=38 \\ \text{38的补足数}=62 \end{array}$$

对于两位数的乘法心算，举一例说明：88×76。

$$\begin{array}{rr} & 88\,(90-2) \\ & \times\quad 76 \\ \hline 90\times76= & 6840 \\ -2\times76= & -\ \ 152 \\ \hline \end{array}$$

到这里，我们有两种方法进行这个减法运算。第一种方法是：减去200，然后再加上48：

$$\underset{\text{（先减 200）}}{6840-152=6640}\underset{\text{（再加 48）}}{+48=6688}$$

不过，还有一种简便的方法：首先，这道题的答案将会是6600多，多多少呢？我们可以先计算52−40=12，然后再找到12的补足数88，这样我们很快就得出了这道题的答案：6688。

计算下面这道题：67×59。

$$\begin{array}{rr} & 67 \\ & \times\quad 59\,(60-1) \\ \hline 60\times67= & 4020 \\ -1\times67= & -\ \ 67 \\ \hline & 3953 \end{array}$$

对于这道题，在运算至减法的时候，你知道它的答案应该是3900多。由于67－20＝47，而47的补足数53就是3900多出的数，即它要添加的数。

正如你已经意识到的那样，你可以采用这种方法计算任何需要向高位借1的减法运算题，而不仅仅是用在乘法运算上。所有的这一切都进一步证明，在数学魔法中，补足数是非常有用的。如果掌握了补足法，并运用自如，你将会受益无穷！

练习：两位数相乘的“减法方法”

1. 29×45
2. 98×43
3. 47×59
4. 68×38
5. 96×29
6. 79×54
7. 37×19
8. 87×22
9. 85×38
10. 57×39
11. 88×49

3. 分解法

分解法是我特别喜欢的两位数相乘的解题法之一，因为这样既不需要进行加法运算，也不需要进行减法运算。在进行两位数相乘的运算中，如果其中一个两位数可以分解成两个或多个一位数，你就可以采用分解法。

分解一个数就是要把它由一个整体分解成几个部分，而这些部分相乘的积则又等于它本身。例如 :24 可以分解成为 8×3 或者

6×4。当然，24 也可以分解成 12×2，不过我们更希望把它分解成为一位数的因数。下面列举更多可以分解成为多个因数的数：

$$42=7\times6$$
$$63=9\times7$$
$$84=7\times6\times2 \text{ 或者 } 7\times4\times3$$

我们还是举一个用分解法简便计算两位数相乘的例子：

$$\begin{array}{r} 46 \\ \underline{\times\ 42}\,(7\times6) \end{array}$$

在此之前，我们是这样计算这道题的：先进行乘法运算 46×40 和 46×2，然后再把二者的乘积相加。采用分解法，我们就可以把 42 看作是 7×6，然后开始运算 46×7=322，最后再运算 322×6，从而得到答案 1932。由于你已经知道了如何进行两位数与一位数、三位数与一位数的乘法运算，因此对你来说进行这样的乘法运算应当不难：

$$46\times42=46\times(7\times6)=(46\times7)\times6=322\times6=1932$$

当然，这道题也可以这样解答：

$$46\times42=46\times(7\times6)=(46\times6)\times7=276\times7=1932$$

对于这道题，相对于 276×7 来说，322×6 就比较容易一些。在大多数情况下，我喜欢用大的因数与最初的两位数相乘，而用较小的因数与第一次乘积的三位数相乘。

分解法的主要作用是把一个两位数相乘的运算简化成较为容易的三位数（有时是两位数）与一位数的乘法运算，其优点就在于进行心算时你不需要耗费过多的精力去记住一些数。再举一例说明：

$$75\times63=75\times(9\times7)=(75\times9)\times7=675\times7=4725$$

同前例一样，先分解 63=9×7，然后再与 75 相乘，由此我们简化了这道两位数相乘的运算题。顺便说一下，在运算过程中，我们采用了圆括号，这其实运用的是乘法结合律。

$$\begin{aligned}63\times75&=63\times(5\times5\times3)=(63\times5)\times5\times3=315\times5\times3\\&=1575\times3=4725\end{aligned}$$

练习下面这道题 :57×24

$$57\times24=57\times8\times3=456\times3=1368$$

你也可能把 24 分解成 6×4，然后找到另外一种简便的算法：

$$57\times24=57\times6\times4=342\times4=1368$$

将上面的分解法与下面的加法方法进行比较：

$$\begin{array}{rr} & 57\\ & \times\ \ 24(20+4)\\ \hline 57\times20= & 1140\\ 57\times4= & +\ 228\\ \hline & 1368\end{array}$$

或者

$$\begin{array}{rr} & 57(50+7)\\ & \times\ \ 24\\ \hline 50\times24= & 1200\\ 7\times24= & +\ 168\\ \hline & 1368\end{array}$$

采用加法方法，我们需要进行两次两位数与一位数的乘法运算，然后再进行一次加法运算。采用分解法，我们只需要进行两次乘法运算：一次两位数与一位数的乘法运算和一次三位数与一位数的乘法运算。通常来说，分解法会让你更容易记住心算过程中的每一个数。

你是否记得本章在前边讲到的那道具有挑战性的乘法题，即 89 × 72？采用减法方法，我们很轻松地计算出了答案。不过，采用分解法，你的计算速度会更快：

$$89\times72=89\times9\times8=801\times8=6408$$

采用分解法解答这道题就特别容易，因为 89 与 9 的乘积 801 的中间数字是 0。下面的这个例子说明，你在某些时候会因为按照顺序与另一个数的因数相乘而受益多多。比较 67 × 42 的两种计算方法：

$$67\times42=67\times7\times6=469\times6=2814$$

$$67\times42=67\times6\times7=402\times7=2814$$

在通常情况下，你会把 42 分解成 7 × 6，然后再按照第一种方法，根据大因数优先的原则进行乘法运算。不过，如果把 42 分解成 6 × 7，然后再按照第二种方法，根据小因数优先的原则进行乘法运算，你就会发现这道题变得更容易运算，因为第一次乘法运算乘积的中间数字为 0，这就使得第二次乘法运算变得更加容易。我称这样的数字为“友好乘积”。

寻找下列两种算法中的友好乘积：

$$43\times56=43\times8\times7=344\times7=2408$$

$$43\times56=43\times7\times8=301\times8=2408$$

你是否觉得第二种方法更容易呢?

在使用分解法时，找到友好乘积（只要存在），对于运算是很有帮助的。怎样才能看出某个乘法运算当中是否存在友好乘积呢？下面的这个列表也许会有所帮助。不过，我并不希望你记住它，因为那样做也是一个负担。最好的办法就是多练习——熟能生巧嘛！

友好乘积数字表

12：12×9=108
13：13×8=104
15：15×7=105
17：17×6=102
18：18×6=108
21：21×5=105
23：23×9=207
25：25×4=100；25×8=200
26：26×4=104；26×8=208
27：27×4=108
29：29×7=203
34：34×3=102；34×6=204；34×9=306
35：35×3=105
36：36×3=108
38：38×8=304
41：41×5=205
43：43×7=301
44：44×7=308
45：45×9=405
51：51×2=102；51×4=204；51×6=306；51×8=408
52：52×2=104；52×4=208
53：53×2=106
54：54×2=108
56：56×9=504
61：61×5=305
63：63×8=504

67：67×3=201；67×6=402；67×9=603
68：68×3=204；68×6=408
72：72×7=504
76：76×4=304；76×8=608
77：77×4=308
78：78×9=702
81：81×5=405
84：84×6=504
88：88×8=704
89：89×9=801

你在本章的前面已经学过如何轻松自如地计算任意两位数与11的乘法运算。在进行两位数相乘的运算中，如果其中一个数是11的倍数，分解法也是非常适用的。例如：

$$52\times33=52\times11\times3=572\times3=1716$$

$$83\times66=83\times11\times6=913\times6=5478$$

练习：两位数相乘的“分解法”

1. 27 × 14
2. 86 × 28
3. 57 × 14
4. 81 × 48
5. 56 × 29
6. 83 × 18
7. 72 × 17
8. 85 × 42
9. 33 × 16
10. 62 × 77
11. 45 × 36
12. 48 × 37

二、乘法心算需要有创新精神

我在本章开篇就已经讲到，乘法运算之所以有趣是因为乘法有多种运算方法。现在，既然你已经明白了我的意思，我们就用本章讲的三种方法解答同一道题来说明这个道理。计算下面这道题：73×49。首先，我们采用加法方法：

$$\begin{array}{rr} & 73(70+3) \\ & \times\quad 49 \\ \hline 70\times49= & 3430 \\ 3\times49= & +\ 147 \\ \hline & 3577 \end{array}$$

现在，我们采用减法方法：

$$\begin{array}{rl} & 73 \\ & \times\quad 49(50-1) \\ \hline 73\times50= & 3650 \\ -1\times73= & -\quad 73 \\ \hline & 3577 \end{array}$$

注意：在采用减法方法计算的过程中，最后两位有两种求解法：第一种，50+（73 的补足数）=50+27=77；第二种，直接求（73−50）的补足数，即 23 的补足数 77。

最后，我们采用分解法：

$$73\times49=73\times7\times7=511\times7=3577$$

你是不是能够轻松自如地采用这三种方法心算出这道题的答案呢？如果答案是肯定的话，祝贺你！因为你已经能够进行两位数相乘的心算了，同时还掌握了两位数相乘基本的快速心算方法。要想成为这方面的快速心算大师，你需要的只不过是练习而已！

练习：两位数相乘

下面的这些练习题可以用多种方法解答，所以你要用尽可能多的方法计算下面这些练习题，然后与附在本书后面的答案与运算方法对照。我们提供的方法有多种，不过我认为第一种是最简便的方法。

1. 53×39
2. 81×57
3. 73×18
4. 89×55
5. 77×36
6. 92×53
7. 87×87
8. 67×58
9. 56×37
10. 59×21

下列各题将会在讲到三位数与两位数、三位数相乘和五位数与五位数相乘的时候再次出现。你现在就可以练习这些题目，然后在讲到后面的时候再拿这些题作为参考：

11. 37×72
12. 57×73
13. 38×63
14. 43×76
15. 43×75
16. 74×62
17. 61×37
18. 36×41
19. 54×53
20. 53×53
21. 83×58
22. 91×46
23. 52×47
24. 29×26
25. 41×15
26. 65×19
27. 34×27
28. 69×78
29. 95×81
30. 65×47

31. $\begin{array}{r} 65 \\ \times\ 69 \\ \hline \end{array}$　　32. $\begin{array}{r} 95 \\ \times\ 26 \\ \hline \end{array}$　　33. $\begin{array}{r} 41 \\ \times\ 93 \\ \hline \end{array}$

三、三位数平方的心算

三位数平方的心算是一种极为神奇的心算技巧。如同计算两位数平方时与 10 的倍数就近取上或者取下的原则一样，在计算三位数的平方时，也是与 100 的倍数就近取上或者取下。例如：求 193 的平方数。

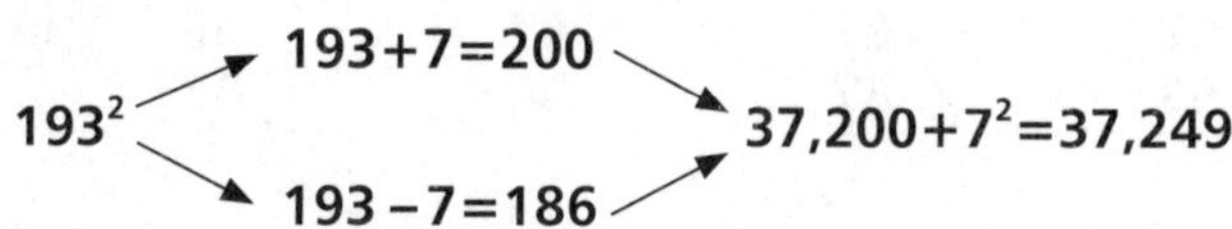

采用取上 200 和 186 的方法，我们把一道复杂的三位数与三位数相乘的数学题简化成了相当简单的三位数与一位数相乘的数学题！毕竟 200×186 只不过是 2×186 再加两个 0 而已。在计算了 200×186=37,200 之后，只需要再加上 7^2=49 就得到答案 37,249 了。

再举一例：计算 706 的平方。

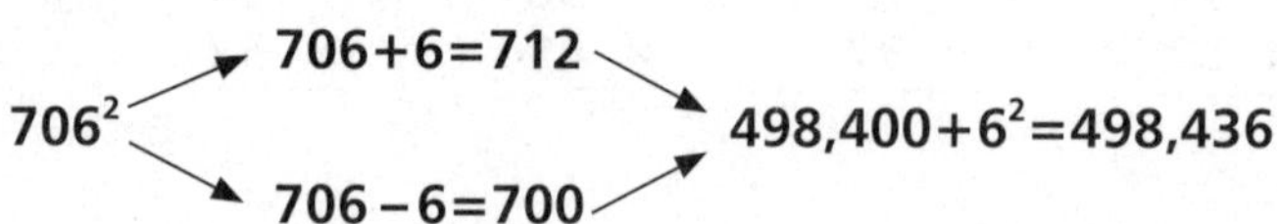

对于这道题，向下减 6 取 700 就需要向上加 6 取 712。因为 712×7=4984（一道简单的三位数与一位数的乘法运算题），所以 712×700=498,400，这个乘积加上 6^2=36 之后就得到答案 498,436 了。

刚才举的这些例子其实并不难，因为计算过程中的加法其实很简单；更何况，对于 6 和 7 的平方，我们已经了然于心了。计算距离 100 的倍数较远的数的平方其实是很棘手的，如：计算 314^2。

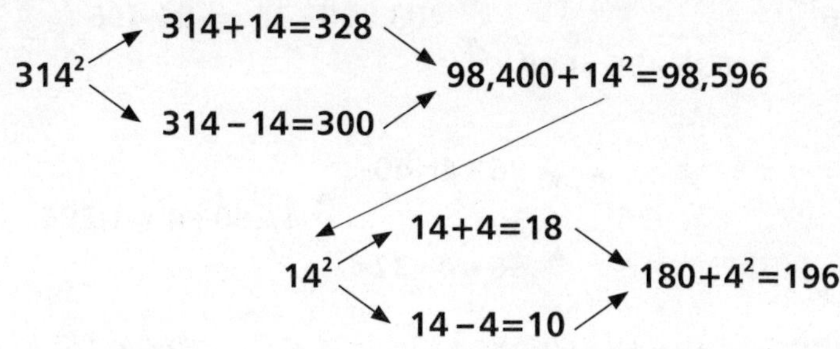

对于这道题，314 向下减去 14 得 300，向上加上 14 得 328。因为 328×3=984，所以 328×300=98,400。

然后 $98,400+14^2=98,400+196=98,596$ 就是答案了。在进行 $98,400+14^2$ 的运算时，你可能需要时间计算 14^2，因而在计算 14 的平方时你要重复 98,400 这个数字，这样你就不会因为分神而忘记 14^2 要与什么数相加了。

在进行三位数平方的运算时，后两位数与 100 的差越大，计算就越有难度。例如，求 529 的平方数：

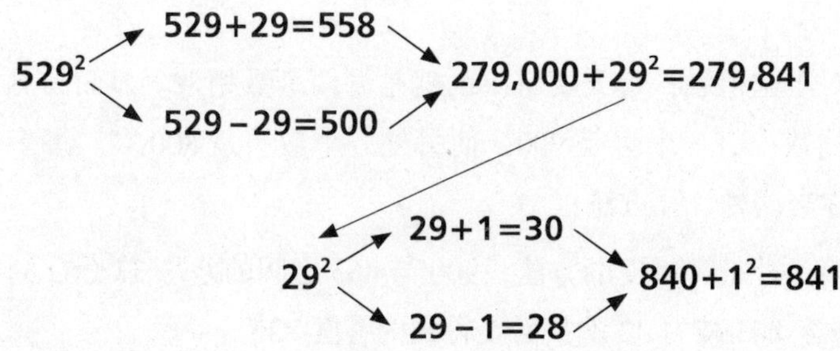

如果你想给观众留下难忘的印象，你可以在计算出 29 的平方之前就大声地说："二十七万……"不过，这种方法并不是万能的。例如，求 636 的平方数：

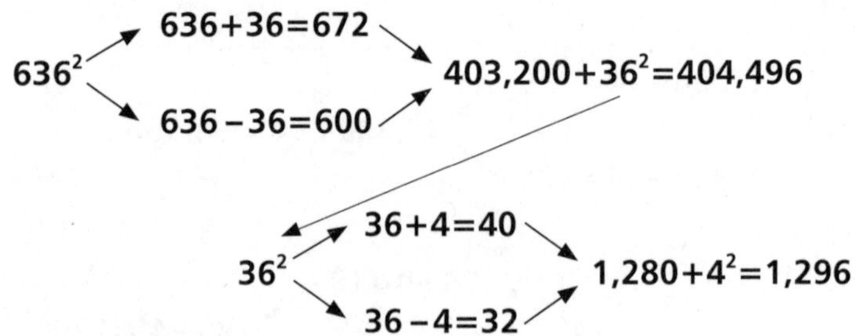

你的脑子是不是真的很好使呢？这道题的关键就在于你要默默地重复 403,200 数次，然后按照通常的方法计算出 36 的平方 1296。难度最大的部分就是把 1296 与 403,200 相加。对此，你要自左至右，每次只加一个数，然后得出答案 404,496。你记住，在熟练掌握两位数的平方运算之后，三位数平方的运算就变得更容易了。

计算下面这个更加难以应对的问题：863^2。

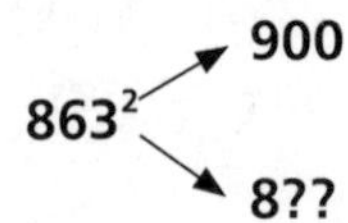

对于这道题，首先要解决的就是哪两个数相乘。显而易见，相乘的数中有一个会是 900，而另外一个数会是 800 多。多多少呢？你有两种计算方法：

第一种是有难度的方法：900 与 863 之间的差是 37（63 的补足数），863 减去 37 就是需要得到的答案 826。

第二种是比较简便的方法：将 63 乘以 2 得 126，取 126 的最后两位数 26，也就得到了比 800 多出的数。

为什么这个简便的方法可行呢？这是因为这两个数（即 900 和 826）分别与 863 相减，其差（取正）是一样的，而它们的和一定是 863 的 2 倍，即 1726。由于其中的一个数是 900，另一个数一定是 826。

你接着计算这道题：

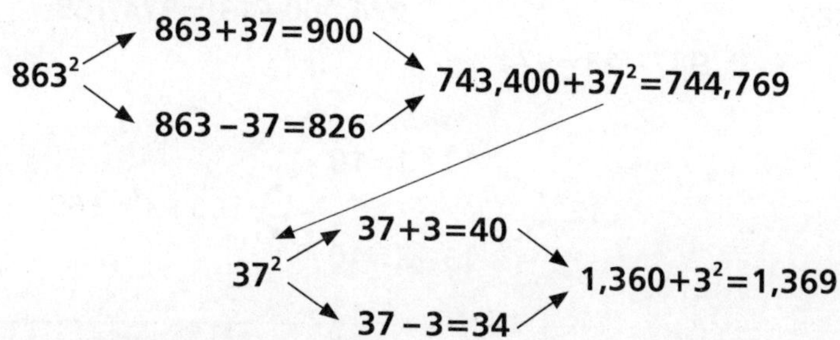

在计算 37 的平方之后，你可能发现自己已经忘记了 743,400 这个数。不要担心，在后面的章节中，你将学会一种记忆此类数字的简便方法。

求最难计算的 359 的平方：

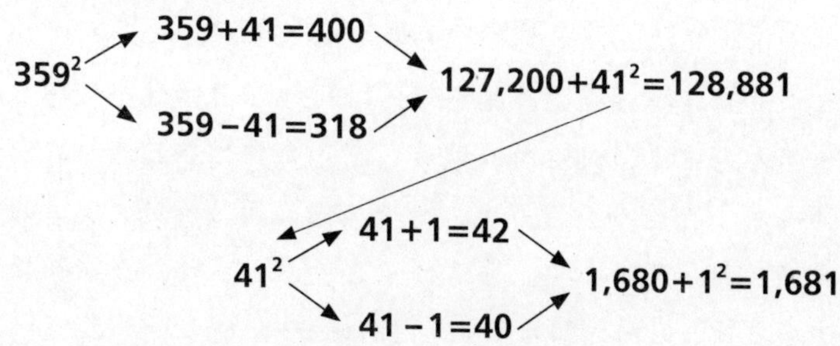

要得到 318，要么用 359 减去 41；要么用 2 乘以 59 得 118，然后取 118 的后两位数。接下来，用 400 与 318 的乘积 127,200 加上 41 的平方 1681，最后得出答案 128,881。哇，原来并不是很难嘛！如果你第一次就算出这个答案，就给自己一个奖励吧！

计算 987 的平方，这道题是不是很难呢？其实，它看起来难，但计算起来却很容易：

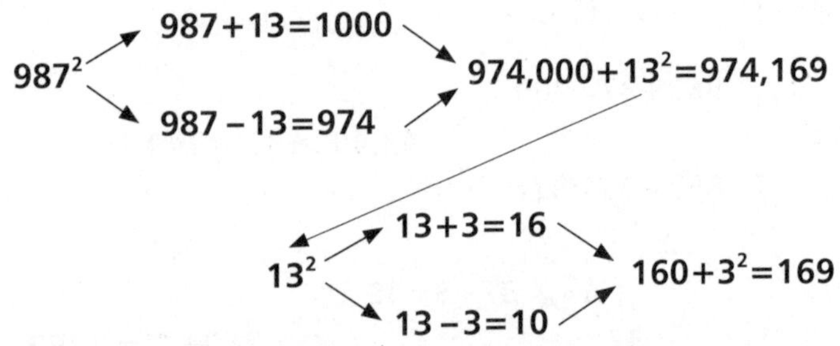

1 号门后面是什么？

1991 年，世界吉尼斯智商最高纪录的保持者——玛丽莲·沃斯·萨凡特（Marilyn vos Savant）在《大观杂志》上发表了一篇令世人震惊的文章，因为这篇文章提到了一道数学难题。这道数学难题提出了自相矛盾的论点，也就是众所周知的蒙蒂·霍尔问题。事情的原委是这样的：

假如你是美国全国广播公司（NBC）节目《做个交易》的一名参与者，节目主持人蒙蒂·霍尔允许你在三扇门当中选择一扇。在这三扇门当中，有一扇门后面是一份大奖，另外两扇后面是两只山羊。你选择了 2 号门。不过，在蒙蒂揭开谜底之前，他向你揭开了 3 号门的谜底——一只羊。现在，蒙蒂给了你第二次选择的机会。也就是说，你可以坚持第一次的选择，选择2号门；也可以改变主意，选择1号门。你到底该怎么做呢？假设蒙蒂只揭开没有大奖的门的谜底，也就是说他揭开谜底的永远都是没有大奖的门，那么剩下的两扇门当中，一个是大奖，另一个则是山羊。也就是说，你获取大奖的概率是50%，是这样的吗？

错！按照玛丽莲的提法，在这种情况下，你的第一次选择获得大奖的概率是三分之一，而另外一扇门获得大奖的概率不是三分之一而是三分之二，因为它的获奖概率必须加上三分之一。

所以，如果改变了选择，你获奖的概率就增加了一倍！（这个问题的前提是，蒙蒂总是会给参与者改变选择的机会；而他也总是揭开一扇没有大奖的门的谜底；而且如果参与者选择了有大奖的门，他就会随意选择一扇没有大奖的门。）想一想下面这个游戏：有十扇门，在你选择了一扇门之后，蒙蒂揭开了其他八扇没有大奖的门的谜底。这时，你的本能可能会告诉你，要你改变选择。人们对这样的问题往往会感到迷惑，因为它存在一个变量：如果蒙蒂·霍尔不知道大奖在什么地方，并揭开了3号门的谜底，而这扇门后边有一只山羊（这扇门之后可能也会有大奖）；然后，1号门后有大奖的概率也就是50%。由于玛丽莲的结论与人们的思维相悖，她因此收到了许多封信，许多科学家、甚至数学家都说她不应当发表这篇文章。不过，他们都错了。

练习：三位数的平方运算

1. 409^2 2. 805^2 3. 217^2 4. 896^2

5. 345^2 6. 346^2 7. 276^2 8. 682^2

9. 431^2 10. 781^2 11. 975^2

四、立方的心算

在本章的最后一部分，我们介绍一种计算两位数的立方的方法。立方就是指某一数或量的三次幂，也就是说这个数要连续自乘两次。例如：5 的立方，即 5^3 等于 $5\times5\times5=125$。通过对本节的学习，你就会发现，求一个两位数的立方并不会比求它的平方难多少。这个方法的依据是这样一个数学公式：

$$A^3=(A-d)A(A+d)+d^2A$$

在这个公式中，A 可以是任意一个数。如同计算两位数的平方一样，d 是 A 与 A 最接近的整十数的差数。例如，在计算 13 的平方时，d=3。所以，13 的立方的计算过程如下：

$$13^3=(13-3)\times13\times(13+3)+3^2\times13$$

即 $13^3=10\times13\times16+9\times13$。

由于 $13\times16=13\times4\times4=52\times4=208$, 而 $9\times13=117$，所以：

$$13^3=2{,}080+117=2{,}197$$

那么，35 的立方该如何计算呢？在这里，我们取 d=5，即：

$$35^3=30\times35\times40+5^2\times35$$

由于 $30\times35\times40=30\times1400=42{,}000$，而 $35\times5\times5=175\times5=875$，所以：

$$35^3=42{,}000+875=42{,}875$$

在计算 49 的立方时，我们取 d=1，从而使其向上取整为 50：

$$49^3=(48\times49\times50)+(1^2\times49)$$

我们可以采用分解法计算 48×49。不过，对于此类运算题，我更喜欢用将在第九章讲到的“接近法”（如果感兴趣，你现在就可以把书翻到第九章去看个究竟）。采用这种方法，就可以这样计算 48×49：

$$48\times49=(50\times47)+(1\times2)=2{,}352$$

而 2,352×50=117,600，所以：

$$49^3=117{,}600+49=117{,}649$$

请你计算下面这个较大数的立方，即：92^3。

$$92^3=(90\times92\times94)+(2^2\times92)$$

如果你能够快速计算出两位数的平方，你就可以这样计算：$92\times94=93^2-1^2=8648$；或者，你可以采用接近法，即：92×94=（90×96）+（2×4）=8648。然后，按照第九章开始所讲述的那样：9×（8600+48）=77,400+432=77,832，所以 90×92×94=778,320。因为 4×92=368，所以：

$$92^3=778,320+368=778,688$$

不知道你是否注意到，在进行两位数的立方运算时，当采用接近法进行乘法运算，需要加的乘积都很小，如：1×2=2、2×4=8、3×6=18、4×8=32或者5×10=50。例如，计算96的立方：

$$96^3=(92\times96\times100)+(4^2\times96)$$

92×96有多种不同的计算方法。我在这里就举几个例子，我把我认为最难的方法放在前面，最简单的方法放在后边。第一，加法方法：（90+2）×96=8640+192=8832；第二，减法方法：92×（100−4）=9200−328=8832；第三，分解法：92×6×4×4=552×4×4=2208×4=8832；第四，平方法：94^2-2^2=8836−4=8832；第五，接近法（其基数取100）：（100×88）+（−8）×（−4）=8800+32=8832。

16×96也有多种运算方法，例如：96×4×4=1536；或者，16×（100−4）=1600−64=1536。最后，因为8832×100=883,200，所以：

$$96^3=883,200+1,536=884,736$$

练习：两位数立方运算

1. 12^3	2. 17^3	3. 21^3	4. 28^3
5. 33^3	6. 39^3	7. 40^3	8. 44^3
9. 52^3	10. 56^3	11. 65^3	12. 71^3
13. 78^3	14. 85^3	15. 87^3	16. 99^3

第五章

除法心算

除法心算无论是在商业活动还是在日常生活当中都是一种非常有用的技能。你是否数过，在一周内你遇到过多少次需要将物品平均分配的情况？无论是计算一千克米需要多少钱，还是计算二十元钱能买多少升汽油，这种技能都是很有用的。它不仅会让你节省时间，而且还会让你的生活更加舒适方便，因为你不必在每次需要计算的时候都掏出计算器来。

在进行除法心算时，采用的方法同样是自左至右的运算方法。在学校，我们学到的都是自左至右的运算方法，所以对你来说，用这种方法进行除法心算是再自然不过的事情了。还是小孩子的时候，我就想除法这种自左至右的运算方法应当是所有数学运算采用的方法。我常想，如果学校能够想出一个自右至左的除法运算方法，他们早就这样做了！

一、除数是一位数的除法心算

在进行心算运算时，首先要做的就是要弄清楚答案将是几位数。“你说的是什么意思？”你也许会问。我们还是举个例子来说明吧：

$$179 \div 7$$

要运算 179 ÷ 7 这道题，我们先假设它的答案为 Q，而 7 的 Q 倍就等于 179。由于 179 介于 7 × 10=70 和 7 × 100=700 之间，所以 Q 也就介于 10 和 100 之间。也就是说，我们需要找的答案是一个两位数。知道了这一点之后，我们首先要确定的是十位数：它与 7 的乘积要小于 179，但却是所有与 7 的乘积比 179 小的十位数中最大的。我们知道，$7\times20=140$，而 $30\times7=210$，而 179 则介于 140 与 210 之间，所以这道题的答案一定是 20 多。到这个时候，我们可以肯定地说 2 就是我们要找的十位数，而且它也不会改变。接下来，我们用 179 减去 140 得 39，所以我们的运算题也就简化成了 $39\div7$ 了。因为 $7\times5=35$，而 39 与 35 的差为 4，这就是我们所求的剩下的答案：个位数为 5，而余数为 4，或者 $5\frac{4}{7}$。所以，我们所求的答案是 $25\frac{4}{7}$，其运算过程如下：

$$\begin{array}{r} 25 \\ 7\overline{)179} \\ -\ 140 \\ \hline 39 \\ -\ 35 \\ \hline 4 \end{array} \leftarrow \text{余数}$$

答案是：整数为 25，余数为 4；或者 $25\frac{4}{7}$。

采用同样的方法心算另外一道题：

$$675\div8$$

由于 675 介于 $8\times10=80$ 和 $8\times100=800$ 之间，所以这道题的答案小于 100，因此它还是一个两位数。要用 8 除 675，需要注意的是 $8\times80=640$，而 $8\times90=720$，所以它的答案是 80 多。多出多少呢？要求出这个多出的数，首先要用 675 减去 640，得到的结果是 35。也就是说，在得出 80 这个结果之后，余数是 35。由于 $4\times8=32$, 而 $35-32=3$，因此它的最终结果是：整数是

84，余数是 3；或者 $84\frac{3}{8}$。这道题的求解过程如下：

$$
\begin{array}{r}
84 \\
8\overline{)675} \\
-\ 640 \\
\hline
35 \\
-\ 32 \\
\hline
3
\end{array}
\longleftarrow \text{余数}
$$

答案：整数是 84，余数是 3；或者 $84\frac{3}{8}$。

同大多数的心算运算一样，除法也可以说是一个由复杂到简单的简化过程。在进行心算的过程中，越往下计算，问题就变得越简单。就拿上面的那道题来说，在开始的时候，它是 675 ÷ 8，到后来就演变成较为简单的 35 ÷ 8 了。

下面，我们计算一道三位数与一位数的除法：

947÷4

这道题的答案有三位数，因为 947 介于 4 × 100 = 400 和 4 × 1000 = 4000 之间。所以，我们首先要求出百位数，而且这个百位数与 4 的乘积仅仅比 947 小。由于 4 × 200 = 800，而 4 × 300 = 1200，所以这道题的答案一定是 200 多，因此你可以说，947 除以 4 的答案是二百……用 947 减去 800，我们就得出一个新的除法运算题：147 ÷ 4；由于 4 × 30 = 120，而 4 × 40 = 160，所以答案的十位数一定是 3。在用 147 减去 120 之后，我们计算 27 ÷ 4 的答案是 6（整数），而余数是 3。因此，947 除以 4 的答案是：整数是 236，余数是 3；或者 $236\frac{3}{4}$。其运算过程如下：

```
      236
  4 ⟌ 947
    − 800
      147
    − 120
       27
    −  24
        3 ←— 余数
```

答案是：$236\frac{3}{4}$。

上题的运算过程非常简单，就如同用一位数除四位数一样。例如：

$$2196 \div 5$$

这道题的答案一定会是三位数，因为 2196 介于 5 × 100 = 500 和 5 × 1000 = 5000 之间。在用 2196 减去 5 × 400 = 2000 之后（4 就是我们要求的百位数），这道题也就简化成可以用上述方法解答的 196 ÷ 5 了。其运算过程如下：

```
       439
  5 ⟌ 2196
    − 2000
       196
    −  150
        46
    −   45
         1 ←— 余数
```

因此，答案是：$439\frac{1}{5}$。

事实上，对于 2196 ÷ 5，我们还有更加简便的算法：用 2196

乘以 2 再除以 10 就得到答案了！因为 $2196 \div 5 = (2196 \times 2) \div (5 \times 2) = 4392 \div 10 = 439.2$ 或 $439\frac{2}{10}$。我们将在后文中讲到更多类似的、更简便的除法运算方法。

练习：除数为一位数的除法运算

1. **318 ÷ 9**
2. **726 ÷ 5**
3. **428 ÷ 7**
4. **289 ÷ 8**
5. **1328 ÷ 3**
6. **2782 ÷ 4**

二、“拇指”法则

在进行除法心算时，既要记住已经计算出的答案，又要继续进行心算，这是一件相当不容易的事情。对此，其中的一个办法就是：一边计算一边大声地说出已经计算出的答案。不过，如果想要收到更好的效果，最好是先借助手指记住答案，最后一次性说出答案来。不过，在这种情况下，如果需要记住的数字大于五位，我们就会遇到新的问题，因为我们大多数人每只手仅有 5 根手指。我想出了一个解决办法，一个基于手语的特殊方法，也就是我所说的“拇指”法则。这个法则对于记忆三位和三位以上的数更有效。这个方法不仅可以在本章使用，而且也适用于后面的章节，因为在那些章节中会有需要记忆的更大、更长的数字。

我们已经知道 0 至 5 这些数字的表示方法，所以在遇到这些数字时只要伸出手指就可以了。在遇到 6 至 9 这些数字时，就需要拇指的参与了。“拇指”法则指：

- 要记住 6，就把拇指放在小指上；
- 要记住 7，就把拇指放在无名指上；

· 要记住 8，就把拇指放在中指上；

· 要记住 9，就把拇指放在食指上。

至于三位数的答案，那就更容易记住了：左手记百位数字，右手记十位数字，在计算到最后一位数字时，答案就已经得出来了（如果有余数时，你可以把它记在脑子里）。现在，你就可以说出左手的数字，右手的数字，然后是刚刚计算出来的数字和余数。很快就说出了答案，是不是？

想要试一试这个方法？可以，计算下面这个四位数与一位数的除法心算：

$$4579 \div 6$$

$$\begin{array}{r} 763 \\ 6\overline{)\,4579} \\ -\ 4200 \\ \hline 379 \\ -\ 360 \\ \hline 19 \\ -\ 18 \\ \hline 1 \end{array}$$

答案是：$763\frac{1}{6}$。

采用“拇指”法则记住这道题的答案，你可以用左手记百位数 7（把拇指放在无名指上），右手记十位数 6（把拇指放在小指上），在计算出最后一位数 3 和余数 1 的时候，你就可以大声地从左右手“读”出最终的答案：七百六十三又六分之一！

有的四位数除以一位数的商是四位数。在这种情况下，由于每个人都只有一双手，所以在进行心算的时候，你要将千位数大声地说出来，然后再采用“拇指”法则把答案剩下的数记住。例如：

8352÷3

```
      2784
  3 ) 8352
  -   6000
      ----
      2352
  -   2100
      ----
       252
  -    240
      ----
        12
  -     12
      ----
         0
```

答案是：2784。

解答这道题时，3除8得千位数2，你就可以大声地说出“两千”，然后再按照以往的方法继续心算3除2352。

三、除数是两位数的除法心算

本部分内容建立在已经掌握了除数是一位数的除法心算的基础之上。也就是说，在本节开讲之前，我们认为你已经掌握了除数是一位数的除法心算。当然，对除法运算来说，除数越大难度就越大。幸运的是，我有一些魔法，可以让你的生活变得轻松一些！

我们还是举一个相对容易一点的例子吧：

597÷14

由于597介于14×10=140和14×100=1400之间，这道题的答案也就介于10和100之间。要解答这道题，第一步就是要知道 14 的多少倍等于 590。由于 14×40=560，所以它的答案是 40 多。

接下来，用 597 减去 560，把问题简化成 14 除 37。由于 14×2=28，所以它的答案就是 42。37 减去 28 就得出了余数 9。这道题的运算过程如下式所示：

$$\begin{array}{r} 42 \\ 14\overline{)\,597} \\ -\ 560 \\ \hline 37 \\ -\ \ 28 \\ \hline 9 \end{array}$$

答案是：$42\frac{9}{14}$。

下面这道题难度稍微大一些，因为这个两位数的除数比较大：

682÷23

这道题的答案是一个两位数，因为 682 介于 23×10=230 和 23×100=2300 之间。要求出这个两位数，你需要知道 23 的多少倍是 680。因为 23×30=690，所以你知道答案肯定是 20 多。然后，你就用 680 减去 20×23=460，得到的结果是 222。由于 23×9=207，所以这道题的答案就是 29 余 222−207=15。其算式如下：

$$\begin{array}{r} 29 \\ 23\overline{)\,682} \\ -\ 460 \\ \hline 222 \\ -\ 207 \\ \hline 15 \end{array}$$

答案是：$29\frac{15}{23}$。

试一试下面这道题：

$$491 \div 62$$

由于 491 比 $62 \times 10 = 620$ 小，所以这道题的答案只不过是个一位数。你可能会猜这个一位数是 8，可是 $62 \times 8 = 496$，比 491 多了一点儿。因为 $62 \times 7 = 434$，所以答案是 7，余数是 $491 - 434 = 57$，或者 $7\frac{57}{62}$。其算式如下：

$$\begin{array}{r} 7 \\ 62 \overline{)\ 491} \\ -\ 434 \\ \hline 57 \end{array}$$

答案是：$7\frac{57}{62}$。

事实上，可以用一种更简便的技巧来心算此类除法运算题。在计算的过程中，你曾经用 8 试过，不过你有没有注意到 62×8 只是比 491 稍微多了一点儿？不过，你也没有白费工夫。除了知道答案的整数是 7 外，你还能立刻算出余数。由于 496 与 491 的差为 5，所以余数也只是比除数 62 少 5。由于 $62 - 5 = 57$，所以你所求的答案是：$7\frac{57}{62}$。这个技巧起作用的原因在于：$491 = (62 \times 8) - 5 = 62 \times (7+1) - 5 = (62 \times 7 + 62) - 5 = (62 \times 7) + (62 - 5) = 62 \times 7 + 57$。

现在，采用刚刚学到的这个技巧计算 $380 \div 39$。由于 $39 \times 10 = 390$，比 380 多出了 10，因此答案应当是：整数为 9，余数为 $39 - 10 = 29$。

我们接下来计算一道难度更大的四位数与两位数的除法算术题：

3657÷54

由于 54×100=5400，所以答案将会是一个两位数。要求答案的第一个数（即十位数），就需要知道 54 的多少倍是 3657。由于 54×70=3780 比 3657 多，所以答案一定是 60 多。

接下来，用 54×60=3240，然后再用 3657−3240=417。一旦确定结果为 60 多，这道题就简化为 417÷54 了。由于 54×8=432，比 417 多，所以答案的个位数是 7，余数为 54−15=39。

```
      67
54 ⟌ 3657
   - 3240
     ----
      417
   -  378
     ----
       39
```

答案是：$67\frac{39}{54}$ 。

现在，计算下面这道答案是三位数的除法算术题：

9467÷13

```
      728
13 ⟌ 9467
   - 9100
     ----
      367
   -  260
     ----
      107
   -  104
     ----
        3
```

答案是：$728\frac{3}{13}$ 。

1. 除法运算题的简化

你的脑子如果到现在还紧张的话，那就请你放松下来。正如我保证的那样，我会和你分享一些使除法题更加简单的秘密。这些秘密依据的原则是用除数和被除数除以它们的公约数。在除法运算中，如果除数和被除数都是偶数，那么它们的最小公约数应当是 2，这时你就可以在开始计算之前先分别用 2 去除除数和被除数。例如，858 ÷ 16，这道题的除数和被除数都是偶数，因此把它们分别与 2 相除，就使原来的运算简化为 429 ÷ 8 了：

```
     53
16/ 858
  - 800
  -----
     58
  -  48
  -----
     10
```

答案是：$53\frac{10}{16}$ 。

除数和被除数都除以 2 之后：

```
     53
 8/ 429
  - 400
  -----
     29
  -  24
  -----
      5
```

答案是：$53\frac{5}{8}$ 。

你已经看到了，尽管余数 10 和 5 不一样，但是它们与分母在一起时所表达的分数值 10/16 和 5/8 却是一样的。所以，在采用这种方法的时候，你一定要用分数的形式明确地说出答案。

这种方法是不是使得计算变得更容易一些呢？请你采用同样的方法计算下面这道题：

3618÷54

```
      67
54 / 3618
   - 3240
      378
   -  378
        0
```

答案是：67。

除数和被除数都除以 2 之后：

```
      67
27 / 1809
   - 1620
      189
   -  189
        0
```

答案是：67。

在经过比较之后，你是否觉得在心算时后者更容易一些？不过，如果你是一个有心人的话，一定会注意到 18 是除数和被除数的最大公约数，所以如果你用 18 除除数和被除数，这道题会变得更加简单：201 ÷ 3 = 67。

在进行除法心算时，你可以观察除数和被除数，看看它们是否可以同时被 2 整除两次。例如 :1652 ÷ 36。

$$1652 \div 36 = 826 \div 18 = 413 \div 9 = 9\overline{)413}$$

÷2 ÷2

$$\begin{array}{r} 45 \\ 9\overline{)413} \\ -\ 360 \\ \hline 53 \\ -\ 45 \\ \hline 8 \end{array}$$

答案是：$45\frac{8}{9}$。

我常常发现，用 2 去除除数和被除数两次要比用 4 去除一次更简单。另外，如果你发现除数和被除数的个位数为 0（或者以 0 结尾），你可以先用 10 去除除数和被除数。例如：580 ÷ 70。

$$580 \div 70 = 58 \div 7 = \begin{array}{r} 8 \\ 7\overline{)\ 58} \\ -\ 56 \\ \hline 2 \end{array}$$

÷10

答案是：$8\frac{2}{7}$。

相反，如果除数和被除数的个位数都是 5，那就可以先乘以 2，然后再除以 10，从而使运算简单化。例如：475 ÷ 35。

$$475 \div 35 = 950 \div 70 = 95 \div 7 = \begin{array}{r} 13 \\ 7\overline{)\ 95} \\ -\ 70 \\ \hline 25 \\ -\ 21 \\ \hline 4 \end{array}$$

×2 ÷10

答案是：$13\frac{4}{7}$。

最后，在除数以 5 结尾、而被除数以 0 结尾的情况下，它们同样可以先乘以 2，然后再除以 10，例如：

$$890 \div 45 = \underset{\times 2}{1780 \div 90} = \underset{\div 10}{178 \div 9} = \begin{array}{r} 19 \\ 9\overline{)178} \\ -\ 90 \\ \hline 88 \\ -\ 81 \\ \hline 7 \end{array}$$

答案是：$19\frac{7}{9}$。

练习：除数为两位数的除法心算

计算下面这些练习题，它们可以检验你的除法心算能力。你可以采用在本章学到的简化技巧进行计算，在做完这些练习之后，你可以参考附在本书后面的答案与心算方法。

1. **738÷17**
2. **591÷24**
3. **321÷79**
4. **4268÷28**
5. **7214÷11**
6. **3074÷18**

四、分数变小数

正如你猜测的那样，我喜欢在把分数转换成小数时表演一些魔法。对于分子和分母都是一位数的分数（以下简称“一位数分数”），最好的办法就是把下面这些分数变成的小数（分母从 2 至 11）记住。事实上，这些小数很容易记住。正如你在下面看到的一样，大多数转变成小数的一位数分数都有自己的特点，从而使它们令人难以忘记。无论在什么时候，只要能把一个分数转变成一个熟悉的分数（也就是说，你知道这个“熟悉的分数”转变成的小数），你就能把它转变成小数，你的心算速度自然就会加快。

下面列举的这些是分母为 2 至 11 的分数，及其与小数之间的转换：

$\frac{1}{2}=0.50$　　$\frac{1}{3}=0.333\cdots$　　$\frac{2}{3}=0.666\cdots$

同样：

$\frac{1}{4}=0.25$　　$\frac{2}{4}=\frac{1}{2}=0.50$　　$\frac{3}{4}=0.75$

分母为 5 的分数转变成的小数很容易记住：

$\frac{1}{5}=0.20$　　$\frac{2}{5}=0.40$

$\frac{3}{5}=0.60$　　$\frac{4}{5}=0.80$

分母为 6 的分数转变成的小数只有两个新数需要记住：

$\frac{1}{6}=0.1666\cdots$　　$\frac{2}{6}=\frac{1}{3}=0.333\cdots$　　$\frac{3}{6}=\frac{1}{2}=0.50$

$\frac{4}{6}=\frac{2}{3}=0.666\cdots$　　$\frac{5}{6}=0.8333\cdots$

关于分母为 7 的分数转变成的小数，我会在后面讲到。现在，我接着讲分母为 8 的分数转变成的小数：

$\frac{1}{8}=0.125$　　$\frac{2}{8}=\frac{1}{4}=0.25$

$\frac{3}{8}=0.375\ (3\times\frac{1}{8}=3\times0.125=0.375)$

$\frac{4}{8}=\frac{1}{2}=0.50$　　$\frac{5}{8}=0.625\ (5\times\frac{1}{8}=5\times0.125=0.625)$

$$\frac{6}{8}=\frac{3}{4}=0.75 \qquad \frac{7}{8}=0.875\ (7\times\frac{1}{8}=7\times0.125=0.875)$$

分母为 9 的分数转变成的小数有属于自己的魔法：

$$\frac{1}{9}=0.\overline{1} \qquad \frac{2}{9}=0.\overline{2} \qquad \frac{3}{9}=0.\overline{3} \qquad \frac{4}{9}=0.\overline{4}$$

$$\frac{5}{9}=0.\overline{5} \qquad \frac{6}{9}=0.\overline{6} \qquad \frac{7}{9}=0.\overline{7} \qquad \frac{8}{9}=0.\overline{8}$$

小数点后面的数字上划线表示重复这个数字。例如：$4/9=0.\overline{4}=0.44444\cdots$。至于分母为 10 的分数转变成的小数，就更容易了：

$$\frac{1}{10}=0.10 \qquad \frac{2}{10}=\frac{1}{5}=0.20 \qquad \frac{3}{10}=0.30$$

$$\frac{4}{10}=\frac{2}{5}=0.40 \qquad \frac{5}{10}=\frac{1}{2}=0.50 \qquad \frac{6}{10}=\frac{3}{5}=0.60$$

$$\frac{7}{10}=0.70 \qquad \frac{8}{10}=\frac{4}{5}=0.80 \qquad \frac{9}{10}=0.90$$

至于分母为 11 的分数转变成的小数，只要记住了 $1/11=0.0909\cdots$，其他的就简单了：

$$\frac{1}{11}=0.\overline{09}=0.0909\cdots \qquad \frac{2}{11}=0.\overline{18}(2\times0.0909\cdots)$$

$$\frac{3}{11}=0.\overline{27}(3\times0.0909\cdots) \qquad \frac{4}{11}=0.\overline{36}(4\times0.0909\cdots)$$

$$\frac{5}{11}=0.\overline{45}(5\times0.0909\cdots) \qquad \frac{6}{11}=0.\overline{54}(6\times0.0909\cdots)$$

$\frac{7}{11}=0.\overline{63}(7\times0.0909\cdots)$　　$\frac{8}{11}=0.\overline{72}(8\times0.0909\cdots)$

$\frac{9}{11}=0.\overline{81}(9\times0.0909\cdots)$　　$\frac{10}{11}=0.\overline{90}(10\times0.0909\cdots)$

那么，分母为 7 的分数转变成的小数呢？只要你记住 $1/7=0.\overline{142857}$，下边的不用心算你也能记住它们：

$\frac{1}{7}=0.\overline{142857}$　　$\frac{2}{7}=0.\overline{285714}$　　$\frac{3}{7}=0.\overline{428571}$

$\frac{4}{7}=0.\overline{571428}$　　$\frac{5}{7}=0.\overline{714285}$　　$\frac{6}{7}=0.\overline{857142}$

我想，你大概已经注意到了，除了起始点不同之外，分母为 7 的分数转变的小数都是按照同样的模式重复的！1/7 转变成小数的初始数为 0.14，2/7 的初始数为 0.14×2=0.28，也就是 $0.\overline{285714}$。同样，对于 3/7，因为 0.14×3=0.42，所以 3/7 转变成的小数以 4 起始，即为 $0.\overline{428571}$，剩下的可以同理论之。不过，不知道你注意到了没有，分母为 7 的分数转变成的小数一直都是围着以下几个数循环的：1、4、2、8、5、7，是不是很有意思呢？

同心算其他除法问题一样，你会遇到比 10/11 更复杂的分数除法。不过，你可以找到一些方法，使问题简化。例如，你可以把 18/34 简化成 9/17，这样心算起来就容易一些。

如果分数的分母是偶数，即使分子是奇数，你同样可以用 2 去除这个分数。例如：

$$\frac{9}{14}=\frac{4.5}{7}$$

把 9/14 的分子和分母都除以 2 之后，就把它转变成一个分母为 7 的分数。尽管前面讲到的分母为 7 的分数当中没有 4.5/7 对应的小数，但是一旦开始计算，数字就会从你的记忆中闪现出来：

$$\begin{array}{r} 0.6\overline{428571} \\ 7\,\big)\,4.5000000 \\ -\ 4.2 \\ \hline 3 \end{array}$$

正如看到的那样，你没有必要把这道题完全计算出来。只要把它计算到 3 除以 7 这一步，你就可以马上说出后面的数了！

在除数以 5 结尾时，你可以将除数和被除数都乘以 2，然后再除以 10。通过这种方法，问题就变得容易多了，例如：

$$\frac{29}{45}=\frac{58}{90}=\frac{5.8}{9}=0.6\overline{44}$$

$$\times 2 \qquad \div 10$$

如果除数的最后两位数是 25 或者 75，就应当用 4 去乘这个分数，然后再除以 100。例如：

$$\frac{31}{25}=\frac{124}{100}=1.24 \qquad\qquad \frac{62}{75}=\frac{248}{300}=\frac{2.48}{3}=0.82\overline{66}$$

$$\times 4 \qquad \div 100 \qquad\qquad\qquad \times 4 \qquad \div 100$$

你甚至可以在心算的过程中采用这个方法，例如：

$$\begin{array}{r} 0.1 \\ 16\,\big)\,3.000 \\ -\ 1\ 6 \\ \hline 1\ 4 \end{array}$$

在计算到 14/16 这一步的时候，你可以进一步把它简化成 7/8，而你是知道它转化成的小数是 0.875。所以，3/16=0.1875。

练习：分数变小数

在解答下列练习题时，尽量将其转化成你熟悉的分数。只要方便，在转变成小数之前，你都要先约分。

1. $\frac{2}{5}$　　2. $\frac{4}{7}$　　3. $\frac{3}{8}$　　4. $\frac{9}{12}$

5. $\frac{5}{12}$　　6. $\frac{6}{11}$　　7. $\frac{14}{24}$　　8. $\frac{13}{27}$

9. $\frac{18}{48}$　　10. $\frac{10}{14}$　　11. $\frac{6}{32}$　　12. $\frac{19}{45}$

五、整除的判断

根据上面的内容，我们知道，通过除以一个公约数就可以简化除法运算。在这里，我们将简短地就一个数是否为另一个数的约数进行探讨。找出一个数的约数不仅能够简化除法运算，而且还能够快速地进行乘法运算。在进行高级乘法运算时，因数将是一个非常有用的工具，因为在进行乘法运算的过程中，你可能需要寻找一个两位数、三位数，甚至五位数的约数（又称“因数”）。因此，在乘法和除法的运算过程中，能够快速找到一个数的约数是很有用处的。我想，除此之外，知道如何查找一个数的约数的规则也是一件很有意思的事情。

要判断一个数是否能够被 2 整除，那是一件很容易的事情。

你要做的就是看看这个数的末位数是否是偶数。如果一个数的末位数是 2、4、6、8 或者 0，它就能被 2 整除。

要判断一个数是否能够被 4 整除，那就要看这个数最末两位数是否能够被 4 整除。如果一个数最末两位数能够被 4 整除，那么这个数就能被 4 整除。例如，57,852 是 4 的倍数，因为 $52=13\times4$；69,346 就不是 4 的倍数，因为 46 不是 4 的倍数（即 46 不能被 4 整除）。为什么可以这么说呢？因为 100 能够被 4 整除，所以任何 100 的倍数都能被 4 整除。既然 57,800 能够被 4 整除，而 52 也能够被 4 整除，那么这两个数的和 57,852 也能够被 4 整除。

同样，由于 1000 能够被 8 整除，所以要判断一个数是否能够被 8 整除，就要看这个数的最末三位数是否能够被 8 整除。例如，14,918。由于 918 不能被 8 整除（$918\div8=114\frac{6}{8}$），所以 14,918 就不能被 8 整除。你是否已经注意到了，14,918 这个数的最末两位数 18 不能被 4 整除，所以它也就不能被 4 整除；而且，由于 14,918 不能被 4 整除，所以它也不能被 8 整除。

至于判断一个数是否能够被 3 整除，这里有一个非常简单的规则，即：一个数是否能够被 3 整除，无论它的位数有多少，只要它的各位数之和能够被 3 整除，它就能够被 3 整除。例如，如果要判断 57,852 是否能够被 3 整除，只要计算 $5+7+8+5+2=27$，并确定 27 是否能够被 3 整除就可以了。由于 $27=3\times9$，所以，57,852 是 3 的倍数。同样，这个神奇的规则也适用于 9，即：如果一个数的各位数之和能够被 9 整除，无论它的位数有多少，它都能够被 9 整除。所以，57,852 也能够被 9 整除，而 31,416 就不能被 9 整除，因为它的各位数之和为 15。那么，为什么这个规则能够起作用呢？这是因为它的事实依据是：1、

10、100、1000、10,000 等数字都比 9 的倍数大 1。

判断一个数是否能够被 6 整除，就要看这个数是否为偶数、而且是否能够被 3 整除。所以，你很容易就能够知道一个数是否能够被 6 整除。

如何判断一个数是否能够被 5 整除？这个就更容易了！只要一个数的最后一位数是 5 或者 0，它就能够被 5 整除！

判断一个数是否能够被 11 整除几乎同判断一个数是否能够被 3 或者 9 整除一样容易。只要对一个数的各位数从左至右依次交替减、加，得出的结果如果是 0 或者 11 的倍数，这个数就能够被 11 整除。例如 73,958 就不能被 11 整除，因为 7−3+9−5+8=16。不过，8492 和 73,194 就能被 11 整除，因为 8−4+9−2=11，而 7−3+1−9+4=0。这个规则起作用的原因是：同能够被 3 和 9 整除的规则一样，数 1、100、10,000 和 1,000,000 比 11 的倍数大 1，而数 10、1000、100,000 等数则比 11 的倍数小 1。

那么，如何判断一个数是否能够被 7 整除呢？这个问题的确有点儿棘手。如果你要判断某数是否能够被 7 整除，你可以对这个数或加或减 7 的倍数，如果结果能够被 7 整除，这个数就能够被 7 整除。我通常会用这个数加上或者减去一个 7 的倍数，使和或差的最末位数为 0。例如，5292 是否能够被 7 整除？我的做法是：首先，用 5292 减去 7 的倍数 42，得到结果 5250；其次，将 5250 后面的 0 去掉，因为用 10 除这个数并不影响它是否能够被 7 整除，因此 5250 也就成了 525；接下来，重复这个过程，给 525 加上 35，得到结果 560。在去掉 0 之后，560 就成了 56，而 56 是 7 的倍数，所以原来的数 5292 能够被 7 整除。

这个判断方法不仅适用于 7，而且还适用于任何最末位数不为 5 的奇数。例如，要判断 8792 是否能够被 13 整除，先用 8792 减去 $4\times13=52$，得到结果 8740；将 8740 后面的 0 去掉，得到结果 874；874 再加上 $2\times13=26$，得结果 900；将 900 后面的两个 0 去掉，只剩下 9，而 9 显然是不能被 13 整除的，因此 8792 是不能被 13 整除的。

练习：整除判断

这是一套判断整除的练习题。对于是否能够被 7 和 17 整除的判断，你一定要特别注意。至于其他的数就比较容易一些。

被 2 整除的判断：

1. **53,428**　2. **293**　3. **7241**　4. **9846**

被 4 整除的判断：

5. **3932**　6. **67,348**　7. **358**　8. **57,929**

被 8 整除的判断：

9. **59,366**　10. **73,488**　11. **248**　12. **6111**

被 3 整除的判断：

13. **83,671**　14. **94,737**　15. **7359**　16. **3,267,486**

被 6 整除的判断：

17. **5334**　18. **67,386**　19. **248**　20. **5991**

被 9 整除的判断：

21. **1234**　22. **8469**　23. **4,425,575**　24. **314,159,265**

被 5 整除的判断：

25. **47,830**　26. **43,762**　27. **56,785**　28. **37,210**

被 11 整除的判断：

29. **53,867**　30. **4969**　31. **3828**　32. **941,369**

被 7 整除的判断：

33. **5784**　34. **7336**　35. **875**　36. **1183**

被 17 整除的判断：

37. **694**　38. **629**　39. **8273**　40. **13,855**

六、分数的加、减、乘、除和约分

只要你能够熟练地进行整数的运算，分数的加、减、乘、除和约分运算也就不算什么了。在这里，我们将回顾加、减、乘、除和约分的运算方法。如果你对分数早就了如指掌的话，可以略过此部分。

1. 分数乘法

两个分数相乘，分子与分子相乘，分母与分母相乘。例如：

$$\frac{2}{3} \times \frac{4}{5} = \frac{8}{15} \qquad \frac{1}{2} \times \frac{5}{9} = \frac{5}{18}$$

难道还有比这更简单的运算吗？

练习：分数乘法

1. $\frac{3}{5} \times \frac{2}{7}$　　2. $\frac{4}{9} \times \frac{11}{7}$　　3. $\frac{6}{7} \times \frac{3}{4}$　　4. $\frac{9}{10} \times \frac{7}{8}$

2. 分数除法

同分数乘法一样，分数除法也非常容易。在进行分数除法运算时，首先要将第二个分数颠倒过来（也就是说，把第二个分数变成它的倒数），然后再按照分数乘法的步骤运算就可以了。例如：

$$\frac{2}{3} \div \frac{4}{5} = \frac{2}{3} \times \frac{5}{4} = \frac{10}{12}$$

$$\frac{1}{2} \div \frac{5}{9} = \frac{1}{2} \times \frac{9}{5} = \frac{9}{10}$$

练习：分数除法

1. $\frac{2}{5} \div \frac{1}{2}$　　2. $\frac{1}{3} \div \frac{6}{5}$　　3. $\frac{2}{5} \div \frac{3}{5}$

3. 分数的约分（或简化）

分数事实上可以看作是数目较小的除法题。例如，6/3 同 6 ÷ 3 = 2 是一样的，而分数 1/4 同 1 ÷ 4 也是一样的。另外，我们还知道，任何数与 1 相乘等于它本身。

例如，3/5 = 3/5 × 1。如果用 2/2 取代 1，其结果就是：3/5 = 3/5 × 2/2 = 6/10，因此 3/5 = 6/10。同样，如果用 3/3 取代 1，其结果就是：3/5 = 3/5 × 3/3 = 9/15。换句话说，如果一个分数的分子与分母与同一个数相乘，其结果与它本身相等。再例如：

$$\frac{2}{3}=\frac{2}{3}\times\frac{5}{5}=\frac{10}{15}$$

同样的道理，如果一个分数的分子与分母与同一个数相除，得到的分数与它本身相等。例如：

$$\frac{4}{6}=\frac{4}{6}\div\frac{2}{2}=\frac{2}{3}$$

$$\frac{25}{35}=\frac{25}{35}\div\frac{5}{5}=\frac{5}{7}$$

这个过程就叫分数的简化过程，也叫分数的约分。

练习：约分

当把下列分数的分母转换为 12 时，求出对应的分子：

1. $\frac{1}{3}$　　2. $\frac{5}{6}$　　3. $\frac{3}{4}$　　4. $\frac{5}{2}$

简化下列各分数：

5. $\frac{8}{10}$　　6. $\frac{6}{15}$　　7. $\frac{24}{36}$　　8. $\frac{20}{36}$

4. 分数加法

对于分数的加法来说，最简单的就是各个分数的分母相同。在进行分数加法运算时，如果分母相同，则分子相加，分母保持不变。例如：

$$\frac{3}{5}+\frac{1}{5}=\frac{4}{5}\qquad\qquad\frac{4}{7}+\frac{2}{7}=\frac{6}{7}$$

有时，可以对两个分数的和进行约分（或者简化）。例如：

$$\frac{1}{8}+\frac{5}{8}=\frac{6}{8}=\frac{3}{4}$$

练习：分数加法（分母相同）

1. $\frac{2}{9}+\frac{5}{9}$ 2. $\frac{5}{12}+\frac{4}{12}$ 3. $\frac{5}{18}+\frac{6}{18}$ 4. $\frac{3}{10}+\frac{3}{10}$

相对于分母相同的分数加法运算来说，分母不同的加法运算难度就比较大一些。当分数的分母不相同时，首先要把它们变成分母相同的分数，然后再进行加法运算。例如：

$$\frac{1}{3}+\frac{2}{15}=\frac{5}{15}+\frac{2}{15}=\frac{7}{15}$$

$$\frac{1}{2}+\frac{7}{8}=\frac{4}{8}+\frac{7}{8}=\frac{11}{8}$$

$$\frac{1}{3}+\frac{2}{5}=\frac{5}{15}+\frac{6}{15}=\frac{11}{15}$$

练习：分数加法（分母不同）

1. $\frac{1}{5}+\frac{1}{10}$ 2. $\frac{1}{6}+\frac{5}{18}$ 3. $\frac{1}{3}+\frac{1}{5}$ 4. $\frac{2}{7}+\frac{5}{21}$

5. $\frac{2}{3}+\frac{3}{4}$ 6. $\frac{3}{7}+\frac{3}{5}$ 7. $\frac{2}{11}+\frac{5}{9}$

5. 分数减法

分数减法与分数加法的运算非常相似。其规则是：分母相同时，分子相减；分母不同时，首先要把它们变成分母相同的分数，然后进行分子之间的减法运算。例如：

$$\frac{3}{5}-\frac{1}{5}=\frac{2}{5}$$

$$\frac{4}{7}-\frac{2}{7}=\frac{2}{7}$$

$$\frac{5}{8}-\frac{1}{8}=\frac{4}{8}=\frac{1}{2}$$

$$\frac{1}{3}-\frac{2}{15}=\frac{5}{15}-\frac{2}{15}=\frac{3}{15}=\frac{1}{5}$$

$$\frac{7}{8}-\frac{1}{2}=\frac{7}{8}-\frac{4}{8}=\frac{3}{8}$$

$$\frac{1}{2}-\frac{7}{8}=\frac{4}{8}-\frac{7}{8}=-\frac{3}{8}$$

$$\frac{2}{7}-\frac{1}{4}=\frac{8}{28}-\frac{7}{28}=\frac{1}{28}$$

$$\frac{2}{3}-\frac{5}{8}=\frac{16}{24}-\frac{15}{24}=\frac{1}{24}$$

练习：分数减法

1. $\frac{8}{11}-\frac{3}{11}$

2. $\frac{12}{7}-\frac{8}{7}$

3. $\frac{13}{18}-\frac{5}{18}$

4. $\frac{4}{5}-\frac{1}{15}$

5. $\frac{9}{10}-\frac{3}{5}$

6. $\frac{3}{4}-\frac{2}{3}$

7. $\frac{7}{8}-\frac{1}{16}$

8. $\frac{4}{7}-\frac{2}{5}$

9. $\frac{8}{9}-\frac{1}{2}$

第六章

估算的技巧

到目前为止，我们讲的都是准确地心算出数学题答案的技巧与方法。不过，在有的情况下，你只想知道一个概数，并不一定需要知道确切的数目。比方说，为购买一套新房，你正在搜集关于房贷方面的信息，此时你真正想要知道的是，每个月大概需要偿还多少钱；再假如说，你想请朋友吃饭，为此你首先要进行预算，但是你不想、也无须把每个人的开销账单精确到“分”，你只是想知道大概要在每个人身上花多少钱。那么，如何进行类似情况的估算呢？本章所讲的估算方法将会帮你解决这些问题。在进行估算的过程中，我们此前学习过的加、减、乘、除等运算方法都将会派上用场。当然，所有的运算采用的都是自左至右的方法。

乔治·帕克·比德尔：速算工程师

在速算领域，各国都有自己的能手。英国也不例外，而出生于英国德文郡的乔治·帕克·比德尔（1806—1878）就是英国的速算高手之一。同许多其他速算能手一样，还是一个孩童的时候他就已经开始心算了。由于家庭条件有限，年幼的比德尔就利用石子进行计数和加、减、乘、除运算。九岁时，比德尔就随父亲周游各地，表演他的数学心算特技。

对比德尔来说，没有能够难得倒他的算术题。“假设月球与地球之间的距离为 123,256 英里，声速为每分钟 4 英里，那么，声音从地球到月亮需要多长时间？”时间还不到一分钟，年幼的比德尔就回答说："21 天 9 小时 34 分钟。"（我们现在知道，月球到地球之间的距离为 240,000 英里，而声音在真空的条件下是不能传播的。）十岁时，比德尔仅仅在 30 秒钟之内就心算出了 119,550,669,121 的平方根是 345,761！1818 年，比德尔与美国心算神童泽拉·科尔伯恩进行了一场心算比赛，结果是泽拉不敌比自己小两岁的比德尔。

带着心算神童的光环，乔治·帕克·比德尔就读于英国爱丁堡大学。大学毕业后，比德尔成为一位备受尊崇的工程师。在是否修建铁路的问题上，英国议会展开了激烈的讨论，辩论的一方曾经多次要求比德尔为其提供强有力的证词。比德尔的佐证往往使反方无言以对，因而反方一见到比德尔出现就不寒而栗。其中的一名成员曾说："比德尔有良好的天赋，正是他的这种过人之处把他的对手放在不公平的位置上。"与在二十岁就退出快速心算领域的泽拉不同的是，比德尔一生都致力于心算的研究。即使在 1878 年，也就是其生命的最后一年，比德尔还能够在眨眼之间就心算出光的振动频率。

一、加法估算

当数位较多不容易记住时，估算是一种可以使生活变得轻松愉悦的好方法。估算出来的数目往往与确切的数目不相上下：

$$\begin{array}{r} 8,367 \\ +\ 5,819 \\ \hline 14,186 \end{array} \approx \begin{array}{r} 8,000 \\ +\ 6,000 \\ \hline 14,000 \end{array}$$

（"≈"是约等于的意思）

注意，对于第一个数，我们采用四舍五入的方法，将数值取到千位数；对于第二个数，我们采用同样的方法，也将数值取到千位数。由于两数之和的确切值为 14,186，所以我们估算出的结果的相对误差是很小的。

如果想要得到一个更确切的答案，我们可以采用四舍五入的方法，将数值取到百位数：

$$\begin{array}{r} 8{,}367 \\ +\ 5{,}819 \\ \hline 14{,}186 \end{array} \quad \approx \quad \begin{array}{r} 8{,}400 \\ +\ 5{,}800 \\ \hline 14{,}200 \end{array}$$

怎么样，确切答案与我们估算的结果误差只有 14！这就是我所说的不错的估算！

估算下面这道五位数的加法运算题，将数值取到百位数：

$$\begin{array}{r} 46{,}187 \\ +\ 19{,}378 \\ \hline 65{,}565 \end{array} \quad \approx \quad \begin{array}{r} 46{,}200 \\ +\ 19{,}400 \\ \hline 65{,}600 \end{array}$$

通过将数值取到百位数，我们得出的答案与实际数的差往往不超过 100。如果答案比 10,000 大，估算出的答案的相对误差在 1% 以内。

估算下面数目更大的加法运算题：

$$\begin{array}{r} 23{,}859{,}379 \\ +\ 7{,}426{,}087 \\ \hline 31{,}285{,}466 \end{array} \quad \approx \quad \begin{array}{r} 24{,}000{,}000 \\ +\ 7{,}000{,}000 \\ \hline 31{,}000{,}000 \end{array} \quad \text{或者} \quad \begin{array}{r} 23.9\ \text{百万} \\ +\ 7.4\ \text{百万} \\ \hline 31.3\ \text{百万} \end{array}$$

在取约数时，如果取到百万位数，估算的答案就是 31 百万（三千一百万），误差约为 285,000；不过，如果想要估算出一个更加确切的答案，你可以取到十万位数，如前面最右边的算式所示，而且其误差率也在 1% 以内。只要能够精确地计算这些较小的数学题，你就能够估算出任何加法题的答案。

1. 估算在超市的应用

你也许会问，估算有什么用处呢？好，我们现在举一个现实生活中的例子。在超市购物的时候，你是否想在结账前知道需要付的金额是多少呢？要估算出比较精确的购物总额，对每一件物品的金额数，我们不妨以 5 角为单位取值。例如，在下面的算式中，左边是收款员加的金额，右边是我们心算出的金额，你可以对二者做一个比较（金额单位：元）：

$$\begin{array}{r} 1.39 \\ 0.87 \\ 2.46 \\ 0.61 \\ 3.29 \\ 2.99 \\ 0.20 \\ 1.17 \\ 0.65 \\ 2.93 \\ +\ 3.19 \\ \hline 19.75 \end{array} \qquad \begin{array}{r} 1.50 \\ 1.00 \\ 2.50 \\ 0.50 \\ 3.50 \\ 3.00 \\ 0.00 \\ 1.00 \\ 0.50 \\ 3.00 \\ +\ 3.00 \\ \hline 19.50 \end{array}$$

在通常情况下，在头脑中估算出的金额数与实际金额数相差不到 1 元钱。

二、减法估算

减法估算与加法估算的方法相同，即：采用四舍五入的方法，把数值取到千位数或者百位数——最好取到百位数，因为这样估算出来的数目与实际数目更接近，误差会更小：

$$\begin{array}{r} 8{,}367 \\ -\ 5{,}819 \\ \hline 2{,}548 \end{array} \quad \approx \quad \begin{array}{r} 8{,}000 \\ -\ 6{,}000 \\ \hline 2{,}000 \end{array} \quad \text{或者} \quad \begin{array}{r} 8{,}400 \\ -\ 5{,}800 \\ \hline 2{,}600 \end{array}$$

通过上面的算式，你可以看到，对减数和被减数取到千位数，估算出来的数与实际数相差就比较大；如果取到百位数，估算出来的数与实际数的差距就小得多，其相对误差通常也只会在 3% 以内。就上面这道题而言，二者之差仅为 52，而其相对误差也只有 2%。在数值较大的情况下，取到千位数就能使其相对误差在 1% 以内。例如：

$$\begin{array}{r} 439{,}412 \\ -\ 24{,}926 \\ \hline 414{,}486 \end{array} \quad \approx \quad \begin{array}{r} 440{,}000 \\ -\ 20{,}000 \\ \hline 420{,}000 \end{array} \quad \text{或者} \quad \begin{array}{r} 439{,}000 \\ -\ 25{,}000 \\ \hline 414{,}000 \end{array}$$

通过比较可以知道，取到千位之后，我们就大大地提高了估算结果的准确程度。

三、除法估算

除法估算的第一步，也是最重要的一步，就是要确定答案的大小：

$$\begin{array}{r} 9{,}644.5 \\ 6\,\overline{)\,57{,}867.0} \end{array} \quad \approx \quad \begin{array}{r} 9 \\ 6\,\overline{)\,58{,}000} \\ -\ 54 \\ \hline 4 \end{array}$$

答案是：$9\frac{2}{3}$千 ≈ 9667。

第二步就是对较大的数取约数，取值到千位数，把57,867变成58,000。用6除58，其结果是：整数为9，余数为4。对于这道题，最重要的是把9放在什么地方。

例如，6×90=540，6×900=5400，这两个结果都比较小，而6×9000=54,000，这个结果与答案接近。这表明你要得到的结果是9000多。多多少呢？你可以这样确定多出的数：58－54=4，然后从上边取一个0，即：40÷6，然后以此类推。不过，如果你是一个有心人的话，你就会发现用4除以6就等于4/6=2/3=0.667。因为你已经知道了答案是9000多，所以你就可以猜出答案是9667。事实上，这个数与确切答案9645已经非常接近了。

类似的除法估算难度不大。不过，难度较大的除法估算是怎么样的呢？还是举个例子来说吧。假设一名专业运动员的年薪为500万元，那么他的日薪是多少呢？

$$365\overline{)5{,}000{,}000}$$

首先，你必须确定这个答案的大小。这个运动员每天能挣1000元吗？如果是这样的话，365×1000=365,000，这个数太小了。

那么，该运动员每天能挣10,000元吗？如果是这样的话，365×10,000=3,650,000，这个数就很接近了。要想估算出答案，可以取两个数的前两位相除（或者用50除以36），然后得出结果$1\frac{14}{36}$或者$1\frac{7}{18}$。因为70大约是18的4倍，所以根据你的估算，这个运动员的日薪为14,000元，而确切答案是他的日薪为13,698.63元。这个估算不错吧！（当然，这名运动员的日薪也不错！）

请你计算下面这个天文学上的算术题：太阳光到达地球需要多少秒钟？由于光速为每秒钟 186,282 英里，而太阳与地球之间的距离为 92,960,130 英里。我猜测你迫切希望用笔算来解决这道题。值得庆幸的是，估算答案相对来讲更加简单。首先，我们简化这道题：

$$186{,}282\overline{)92{,}960{,}130} \approx 186\overline{)93{,}000}$$

接下来，用 186 除 930，答案为 5（没有余数）；然后再将刚才省去的两个 0 加上，就得到了估算的答案 500。这道题的确切答案为 499.02 秒，所以说 500 是一个相当不错的估算结果。

四、乘法估算

我们可以采用同样的技巧估算出乘法的答案。例如：

$$\begin{array}{r} 88 \\ \times\ 54 \\ \hline 4752 \end{array} \approx \begin{array}{r} 90 \\ \times\ 50 \\ \hline 4500 \end{array}$$

在取约数时，采用四舍五入的方法，取值到十位数，可以大大简化乘法运算，但是这样估算出的答案与实际答案相差 252，其误差约为 5%。不过，这里有一个方法，可以估算出与实际答案更接近的结果，即：参与计算的两个数减去或者加上同一个数，一个加，而另一个则要减。也就是说，如果 88 加上 2，那么 54 就要减去 2：

$$\begin{array}{r} 88 \\ \times\ 54 \\ \hline 4752 \end{array} \approx \begin{array}{r} 90 \\ \times\ 52 \\ \hline 4680 \end{array}$$

采用这种方法，尽管原来一位数之间的乘法变成了两位数与一位数的乘法，但是它还是比较简单的乘法运算，而其估算结果的相对误差却降低到了 1.5%！

采用一加一减的方法时，如果较大的数加上一个数，而较小的数减去同一个数，估算结果要比实际答案小；相反，如果较大的数减小一些，而较小的增大一些，从而使两数接近一点，估算结果则要比实际答案大。增加或者减小的数越大，估算结果与实际答案之间的差距就越大。例如：

$$\begin{array}{r} 73 \\ \times\ \ 65 \\ \hline 4745 \end{array} \approx \begin{array}{r} 70 \\ \times\ \ 68 \\ \hline 4760 \end{array}$$

在取了约数之后，两个数比较接近，所以估算的结果比实际答案稍微大一些。

$$\begin{array}{r} 67 \\ \times\ \ 67 \\ \hline 4489 \end{array} \approx \begin{array}{r} 70 \\ \times\ \ 64 \\ \hline 4480 \end{array}$$

由于两个数之间的差距拉大，估算结果也就比实际答案小了一点，当然，差别也不是很大。通过上面的例子可以看到，这种乘法估算方法非常好。另外，上面的例子是算 67 的平方，而估算只是心算一个数的平方的第一步。下面再举一例：

$$\begin{array}{r} 83 \\ \times\ \ 52 \\ \hline 4316 \end{array} \approx \begin{array}{r} 85 \\ \times\ \ 50 \\ \hline 4250 \end{array}$$

请注意：约数与原数之差越小，估算结果就越准确。下面再举一例：

$$\begin{array}{r} 728 \\ \times \quad 63 \\ \hline 45,864 \end{array} \approx \begin{array}{r} 731 \\ \times \quad 60 \\ \hline 43,860 \end{array}$$

通过 63－3＝60 和 728＋3＝731，我们使原来两位数与三位数的乘法运算变成了一位数与三位数的乘法运算，从而使估算结果与实际答案相差 2004，其相对误差为 4.3%。

估算下面三位数之间的乘法运算题：

$$\begin{array}{r} 367 \\ \times \quad 492 \\ \hline 180,564 \end{array} \approx \begin{array}{r} 359 \\ \times \quad 500 \\ \hline 179,500 \end{array}$$

由比较可见，尽管两个数或加或减 8，估算结果还是比实际答案少了 1000 多，这是因为这道乘法题数目比较大，而且加减的数也比较大，因此估算结果的误差要大一些。尽管如此，其相对误差仍在 1% 以内。

这种乘法估算方法能够估算数目多大的乘法题呢？多大数目都可以！只要知道大的数字及其位数就可以了。一千个一千是一百万，而一千个一百万就是十亿，知道了这些数字和位数之后，就可以估算出数目较大的乘法题。例如：

$$\begin{array}{r} 28,657,493 \\ \times \quad 13,864 \\ \hline \end{array} \approx \begin{array}{r} 29\text{百万} \\ \times\ 14\text{千} \\ \hline \end{array}$$

跟前文一样，估算的目的就是将两个数简化，取其近似值，也就是要简化参与计算的数，如 29,000,000 和 14,000，最后得出一个估算的结果。在取过约数之后，先不要去理会约数后面的 0，只要进行两位数之间的乘法运算就可以了：$29\times14=406$（$29\times14=29\times7\times2=203\times2=406$）。所以，这道题的答案大约为 406 个 10 亿，因为一千个百万是 10 亿。

五、平方根的估算：除法与平均数

$\sqrt{n}$ 就是指 n 的平方根，也就是说，$\sqrt{n}$ 在与自身相乘之后的乘积是 n。例如，9 的平方根是 3，因为 $3\times3=9$。平方根广泛应用于科学和工程技术领域，而计算平方根往往借助于计算器。下面的这个方法将有助于你准确地估算出一个数的平方根。

平方根估算的目的就是求一个数，这个数（$\sqrt{n}$）在与自身相乘之后大致等于原来的数（n）。由于许多数的平方根都不是整数，所以估算的数可能包括一个分数或者小数。

还是举一个例子来说吧，19 的平方根是多少？第一步要做的就是想出一个数来，这个数的平方与 19 最接近。因为 $4\times4=16$，而 $5\times5=25$，而且 25 比 19 高出许多，所以 19 的平方根一定是 4 点多。接下来，用 4 去除 19，结果为 4.75。因为 4×4 比 4×4.75 小，而 4×4.75 又比 4.75×4.75 小，所以 19 介于 4^2 与 4.75^2 之间，因此 19 的平方根介于 4 和 4.75 之间。

我的估算是，19 的平方根大约是 4 和 4.75 的中间数，即 4.375。事实上，19 的平方根（保留小数点后三位数）是 4.359。所以，估算出来的数与实际数相当接近了。这个估算过程如下面的算式所示：

除法　　　　　　　　平均数

$$\begin{array}{r} 4.75 \\ 4\overline{)19.0} \\ \underline{16} \\ 3\,0 \\ \underline{2\,8} \\ 20 \\ \underline{20} \\ 0 \end{array}$$

$$\frac{4+4.75}{2}=4.375$$

事实上，这个答案还可以通过另外一种比较容易的方法得到。由于4的平方是16，而16与19的差是3，所以为使估算更加准确，4需要加上一个数，而这个数就是“这个差与所估算数（即4）的2倍的商”。对于这道题，需要加的就是3（19与16的差）与8（估算数4的2倍）的商，即：3/8，所以估算的答案就是$4\frac{3}{8}=4.375$。通常情况下，采用这种方法估算出来的答案会比确切答案稍微大一些。

这个方法是否行得通呢？举一个难度稍大一点的例子：87的平方根是多少？

除法　　　　　　　　平均数

$$\begin{array}{r} 9.\overline{66} \\ 9\overline{)87.0} \end{array}$$

$$\frac{9+9.66}{2}=9.33$$

一看到这道题，首先想到的数一定是9，因为9×9=81，而10×10=100，所以87的平方根一定是9点多。接下来，87除以9，保留小数点后两位数即得9.66。为提高估算的准确程度，估算数要取9与9.66的平均数，即：9.33；而另一种方法估算的结果是：

9+(差)/18=9+6/18=9.$\overline{33}$。事实上，87 的平方根是 9.27！

采用这种方法估算两位数的平方根是很容易的。那么，三位数呢？事实上，估算三位数的平方根也不是很难，因为三、四位数的平方根小数点前一定是两位数，而且无论一个数有多大，它的平方根估算方法也是同上面一样的。例如，估算 679 的平方根时，首先做的就是要找到大致的数。因为 20 的平方等于 400, 而 30 的平方是 900，所以 679 的平方根一定介于 20 和 30 之间。接下来，用 20 除 679 得到的近似答案是 34，而 20 和 34 的平均数是 27，所以 679 的平方根约为 27。不过，我们还可以得出一个更确切的估算结果。要知道，25 的平方是 625，679 与 625 的差是 54，而 54 与 50 的商是 54/50=108/100=1.08，所以 679 更确切的平方根是 26.08。当然，还有比这个结果更确切的估算数：如果你知道 26 的平方是 676, 而 679 与 676 的差与 26×2=52 的商是 3/52 ≈ 0.06，所以更确切的估算数是 26.06。事实上，如果保留小数点后两位数，679 的平方根就是 26.06。

估算一个四位数的平方根，首先要看这个四位数的前两位数，从而确定出它的平方根的第一位数。例如，求 7369 的平方根，首先要考虑 73 的平方根。由于 8×8=64，而 9×9=81，所以 8 一定是这个数的平方根的第一位数。所以，7369 的平方根一定是 80 多。接下来，可以按照通常的方法估算出这个数的平方根：用 7369 除以 80，结果是 92 再加上一个分数，因此 7369 的平方根的估算数就是 86。如果用 86 乘以 86，得到的乘积是 7396，而 7396 与 7369 的差 27 与 86×2 的商是 27/86×2=0.16，所以其平方根更确切的估值为 86−0.16=85.84。你知道吗？如果结果保留小数点后两位数，7369 的平方根就是 85.84！不可思议吧！

估算像 593,472 这样的六位数的平方根似乎是一件不可能完成的任务，因为你根本不知道该从何处入手。不过，不用担心。因为 $700^2=490,000$，而 $800^2=640,000$，所以 593,472 的平方根一定介于 700 和 800 之间。事实上，所有五、六位数的平方根小数点前的数字都是三位数。在实践中，只需通过六位数的前两位数或者五位数的前一位数就能确定这个三位数平方根的第一位数。一旦确定了 59 的平方根介于 7 和 8 之间，我们就知道它的平方根应当是 700 多。

接下来，我们就可以按照通常的方法进行估算了：

除法		平均数
$700\overline{)593,472}^{\ 847} \approx 7\overline{)5934}^{\ 847}$		$\frac{700+847}{2}=773.5$

事实上，593,472 确切的平方根是 770.37（保留 5 位有效数字），所以这个估算结果已经够准确了。不过，如果按照下面的方法去做，你还可以估算出更准确的平方根来。相对于 49（7×7）来说，64（8×8）更接近 59。正因为如此，我们可以从 8 开始估算出这个数的平方根：

除法		平均数
$800\overline{)593,472}^{\ 741} \approx 8\overline{)5934}^{\ 741}$		$\frac{800+741}{2}=770.5$

是不是很容易呢？是不是想试试你的身手了？好，请估算出 28,674,592 的平方根！同样，这道题并不像看起来那样难。第一步需要做的就是要估算出平方根的第一位数，对于这道题而言，

就是要找到 29 的平方根：

除法

$$\begin{array}{r} 5.8 \\ 5\,\overline{)\,29.0} \\ \underline{25} \\ 4\,0 \\ \underline{4\,0} \\ 0 \end{array}$$

平均数

$$\frac{5+5.8}{2}=5.4$$

所有七、八位数的平方根小数点前一定都是四位数，因此 5.4 就变成了 5400，而这个数也是你估算的平方根。事实上，28,674,592 确切的平方根是 5354.8。估算的结果是不是很不错呢？

本章的估算技巧到此也就结束了。在完成本章后面的练习题之后，我们将在下一章学习笔算数学。通过笔算数学的学习，你将学会一种比以往更快速的笔算方式。

因决斗而陨落的数学天才巨星：埃瓦里斯特·伽罗瓦

在世界数学发展史上，法国数学家埃瓦里斯特·伽罗瓦的故事既具传奇色彩，又饱含悲剧意味，因为这名天才的数学家为一个不知名的女人而死于一场决斗，谢世时年仅二十岁！

伽罗瓦是一名早熟而又富有天赋的数学家。早在上中学的时候，他就发表数学论文，为数学的一个分支——群论奠定了基础。据说，他是在决斗的前夜撰写了这篇关于群论的论文，因为他预料到自己会有不测，希望把自己的遗产留给数学界。在 1832 年 5 月 30 日去世前数小时，伽罗瓦致函给朋友奥古斯塔·谢瓦利尔说："在分析领域，我有一些新的发现。第一个是关于方程理论方面的，其他的则是关于积分函数方面的。"在阐述完这些方面的理论之后，他告诉朋友说："请公开请求雅各比或者高斯对我的这些定理发表评论，不是对其真实性而是对其重要性发表看法。然后，我希望有人会发现把这一堆东西整理清楚将是一件很有益的事情。"

浪漫的传奇故事与历史真相往往是不相符的。事实上，在去世的前夜，伽罗瓦只是对他早在很久以前已经被法国科学院接受的论文进行了修正与编校。伽罗瓦最初撰写的论文早在决斗前三年就已经递交给法国科学院了，而当时他只有十七岁！

此后，伽罗瓦卷入到了是非繁杂的政治纠纷之中，并因此而被捕，关押在监狱的地牢里。最终，伽罗瓦因迷恋一个女人而不能自拔，并因为这个女人而决斗致死。

事实上，伽罗瓦已经意识到了其理论的重要性。他写到："我所从事的研究将使许多数学专家终止他们的研究。"一个世纪之后，事实证明伽罗瓦的话是正确的。

六、更多关于小费计算的秘诀

正如第一章指出的那样，在大多数情况下，小费是很容易计算出来的。例如，要计算出 10% 的小费，只需用账单金额与 0.1 相乘就可以了（或者账单金额除以 10）。例如，如果账单金额是 42 元，那么 10% 的小费就是 4.2 元。如果小费与账单的比率是

20%，只要用账单数目与0.2相乘就可以了。如果账单金额为42元，那么20%的小费就是8.4元。

在计算费率为15%的小费时，我们可以采用多种算法。采用第三章所学的方法，只需将账单金额与15（将15分解成3×5）相乘，然后再除以100就可以了。例如，如果账单是42元，先用42×15=42×5×3=210×3=630，然后再用630除以100，就得到了需要支付的小费6.3元。另外一种方法是取费率为10%和20%的平均数。根据前面计算的数字，其运算过程如下：

$$\frac{4.20+8.40}{2}=\frac{12.60}{2}=6.30(\text{元})$$

也许对于费率为15%的小费最为流行的算法是，先计算10%的小费，然后再取这个结果的一半（即5%），最后再把二者加在一起。例如，如果账单为42元，4.20加上它本身的一半2.10，就得到了需要的数：

$$4.20+2.10=6.30(\text{元})$$

再举一例：采用上述三种方法计算账单为67元、费率为15%的小费。采用直接法就是：67×3×5=201×5=1005；1005除以100，小费为10.50元；采用平均法：67的10%为6.70，67的20%为13.40，求二者的平均数，即：

$$\frac{6.70+13.40}{2}=\frac{20.10}{2}=10.05(\text{元})$$

采用最后一种方法，6.70加上它的一半3.35，即：

$$6.70+3.35=10.05(\text{元})$$

计算费率为 25% 的小费，这里有两种方法：第一种，先将账单金额与25相乘，然后再除以100；第二种，将账单金额除以4(可以分两次，每次都除以2）。例如，第一种，如果账单为42元：计算 $42\times25=42\times5\times5=210\times5=1050$，而1050除以100就得到小费数为10.50元；第二种，如果账单为67元，可直接用67除以4：$67\div4=16\frac{3}{4}$，所以它的小费是16.75元。

七、相对简易的税率计算

本部分内容将探讨估算销售税的心算方法。计算税率为5%、6%或者10%的销售税时，我们直接计算即可。例如，计算6%的销售税，只需要先乘以6，然后再除以100就可以了。例如，售价为58元，那么它的销售税就是：$58\times6=348$，然后348再除以100，即3.48元（所以，商品的税后价就是61.48元）。

不过，如果售价为58元，销售税为6.5%，这样的情况该怎么计算呢？这里会介绍数种方法，你可以选择你认为比较简便的方法计算。对任意以元为单位的数目，计算它的0.5%，也许最容易的方法就是：先取原数的一半，然后再把它变成以分为单位的数目。例如，对于售价58元来说，由于58的一半是29，所以只要把29分加到6%的销售税（即3.48元）里面就得出了要求的销售税3.77元。

另外一种计算（或者相当不错的估算）方法是：先计算6%的销售税，然后再用这个数除以12，并把两次计算的结果相加。例如，由于58元的6%是3.48元，而348几乎是12的30倍，所以把30分加到3.48就得出了估算数3.78元，而这个结果比实际结果只多出了1分钱。如果你想除以10而不是12，那也可以。不过，这样计算出来的结果是6.6%而不是6.5%的销售税（因为

6 除以 10 等于 0.6），即便如此，得到的仍然是一个不错的估算结果。这样估算的销售税是：3.48+0.34=3.82（元）。

还是举两个销售税为其他百分比的例子吧。售价为 124 元，税率为 7.25% 的销售税该如何计算呢？首先，计算 7% 乘 124。根据第三章所学的方法，124×7=868，所以 124 的 7% 是 8.68。其次，计算 124 的 0.25%。对此，可以把原来的数分为 4 份，再把单位元变成单位分。在这时，124 的四分之一是 31，所以 8.68 元加上 31 分就等于确切的销售税额 8.99 元。

要得出 31 分这个结果还有一种方法：用 7% 的销售税 8.68 元除以 28，这样做是因为 7/28=1/4。当然，如果想要快速估算，就可以用 8.68 元除以 30，得出 29 分，其总额 8.97 比实际数也只是少了 2 分。

在拿 30 来除的时候，你事实上是在计算 $7\frac{7}{30}\%$ 的税率，也就是大约 7.23% 而不是 7.25% 的税率。

那么，税率为 7.75% 的销售税该怎样计算呢？从估算的角度来看，这个税率比 8% 只是少了一点点。不过，这里有几个方法可以估算出更为精确的答案。通过上面的例子可以看出，如果能够很容易地计算出 0.25% 的销售税，那么，只要乘以 3 就可以得出 0.75% 的销售税了。例如，计算售价为 124 元、税率为 7.75% 的销售税，首先计算出 7% 的销售税为 8.68 元；再计算出 0.25% 的销售税 31 分，那么 0.75% 的销售税就是 93 分，而总的销售税额为：8.68+0.93=9.61 元。想要快速估算出结果，可以利用 7/9(0.777) 约等于 0.75 这样一个事实，也就是说，用 7% 的销售税除以 9 就可以得到接近 0.75% 的税额。在这个例子中，因为 8.68 除以 9 约等于 96 分，所以只要用 8.68 加上 0.96 就可以得到比较确切的估算结果 9.64 元了。

这个估算过程适用于任何销售税的计算。估算税率为 A.B% 的销售税，首先用售价乘以 A%，然后用 D 除得出的这个数，其中 D=A/B（即 D 等于 A 与 B 的倒数的乘积）。把这两个数加在一起就得到了销售税额（或者估算的销售税额——如果 D 取约数的话）。例如，如果税率为 7.75%，那么这个极具魔法的除数 D 就是 $7\times4/3=28/3=9\frac{1}{3}$，而这个 D 就可以取为约数 9；如果税率为 $6\frac{3}{8}$，首先计算税率为 6% 的销售税，然后再用这个数除以 16，因为 $6\times\frac{8}{3}=16$。

八、利率的计算

最后，我们讲一些有关利率的实际问题，这些问题关系到资本的增长和债务的偿还。

我们就从著名的“70 定律”开始讲起吧。所谓的“70 定律”就是表明大约要经过多长时间能够使本金翻一番：本金翻一番需要的年份数约等于 70 与利率的商。

假设投资的年利率为 5%，那么，在大约 $70\div5=14$ 年后本金将翻一番。例如，一笔 1000 元的存款在 14 年之后将变成：$1000\times1.05^{14}=1979.93$（元）。如果存款利率为 7%，根据“70 定律”，本金在 10 年之后将翻一番。事实上，如果年利率为 7%，在 10 年后 1000 元将会变成：$1000\times1.05^{10}=1967.15$（元）。如果年利率为 2%，按照“70 定律”，本金将在 35 年之后翻一番：

$$1000\times1.02^{35}=1999.88(\text{元})$$

另外还有一个与之类似的“110 定律”，表明经过大约多长时间本金将变成原来的 3 倍。例如，如果年利率为 5%，那么本金将在 110 ÷ 5 = 22 年之后由原来的 1000 元变成 3000 元，这一点可以通过 $1000 \times 1.05^{22} = 2925.26$（元）得到证实。“70 定律”和“110 定律”的理论基础是自然对数的底 e = 2.71828…和“自然对数”的特性。不过，幸运的是，使用这些定律并不需要掌握这么高等的数学。

例如，你需要偿还从别人那里借的钱。假设你借了 360,000 元钱，年利率为 6%（也就是说这笔贷款每个月将以 0.5% 的速度增长）；假设你需要 30 年还清贷款，那么，你每个月需要偿还多少钱呢？首先，你每个月需要支付 360,000 × 0.5% = 1800 元的利息（尽管事实上你所欠的利息将会不断地减少）。因为你将在 30 × 12 = 360 个月里偿还贷款，那么你将会每月支付 1000 元偿还剩余的贷款。因此，你每月需要支付的金额应当是：1800 + 1000 = 2800（元）。事实上，你需要偿还的金额不会超过这个数额。在这里，我将告诉你，关于估算月支付金额的“拇指定律”。

假设 i 代表月利率（这个利率是指年利率除以 12 的商），偿还一笔贷款 P 需要的时间是 N 个月，每个月需要支付的金额 M 是：

$$M=\frac{Pi(1+i)^N}{(1+i)^N-1}$$

在上边的例子中，P=360,000（元）；i=0.005，根据上述公式，每个月需要支付的金额数为：

$$M=\frac{360,000\times0.005\times(1+0.005)^{360}}{(1+0.005)^{360}-1}$$

在上式中，分子的前两个数相乘得 1800 元，用计算器

计算 $1.005^{360}=6.02$，所以每个月需要支付的金额大约是：$1800\times6.02/5.02=2160$（元）。

再举一例：假如你想买一辆车，在预付定金之后，仍欠18,000元，你需要在5年内按照5%的年利率支付这笔款项，那么在这5年内你每个月需要支付的金额是多少呢？如果没有利息，你每个月需要支付的金额为：18,000/（5×12）=18,000/60=300（元）。由于第一年需要支付的利息为18,000×0.04=720（元），所以，你每个月需要支付的金额应当不多于300+60=360（元）。采用前面所提的公式，i=0.04/12=0.00333，即：

$$M=\frac{18{,}000\times0.00333\times(1+0.00333)^{60}}{(1+0.00333)^{60}-1}$$

因为 $1.00333^{60}=1.22$，所以你每个月需要支付的金额大约是：$60\times1.22/0.22=333$（元）。

是不是很有意思？是不是想要再试试？不用着急，你可以做一做下面关于利率的练习题。

估算练习题

下面这些是关于估算的练习题。做完之后，你可以与附在本书后面的参考答案进行比照。

练习：加法估算

对下列加数和被加数取约数（取下或取上），然后将估算结果与实际结果对照：

1. $\begin{array}{r}1{,}479\\+\ 1{,}105\\\hline\end{array}$ 2. $\begin{array}{r}57{,}293\\+\ 37{,}421\\\hline\end{array}$ 3. $\begin{array}{r}312{,}025\\+\ 79{,}419\\\hline\end{array}$ 4. $\begin{array}{r}8{,}971{,}011\\+\ 4{,}016{,}367\\\hline\end{array}$

5. 估算下列价格之和，以 5 角为单位进行取值（单位：元）：

```
    2.67
    1.95
    7.35
    9.21
    0.49
   11.21
    0.12
    6.14
+   8.31
--------
```

练习：减法估算

估算下列减法题，取到第二或者第三位数：

1. $\begin{array}{r} 4{,}926 \\ -\ 1{,}659 \\ \hline \end{array}$

2. $\begin{array}{r} 67{,}221 \\ -\ 9{,}874 \\ \hline \end{array}$

3. $\begin{array}{r} 526{,}978 \\ -\ 42{,}009 \\ \hline \end{array}$

4. $\begin{array}{r} 8{,}349{,}241 \\ -\ 6{,}103{,}839 \\ \hline \end{array}$

练习：除法估算

对下列各数取约数，并估算出结果：

1. $7\overline{)4379}$

2. $5\overline{)23{,}958}$

3. $13\overline{)549{,}213}$

4. $289\overline{)5{,}102{,}357}$

5. $203{,}637\overline{)8{,}329{,}483}$

练习：乘法估算

估算下列算式的结果：

1. 98×27
2. 76×42
3. 88×88
4. 539×17
5. 312×98
6. 639×107
7. 428×313
8. $51,276 \times 489$
9. $104,972 \times 11,201$
10. $5,462,741 \times 203,413$

练习：平方根估算

采用除法和平均数方法估算下列平方根：

1. $\sqrt{17}$
2. $\sqrt{35}$
3. $\sqrt{163}$
4. $\sqrt{4279}$
5. $\sqrt{8039}$

练习：日常数学估算

1. 计算88元的15%。
2. 计算53元的15%。
3. 计算74元的25%。
4. 如果年利率为10%，那么，你的存款在多少年后会翻一番？
5. 如果年利率为6%，那么，你的存款在多少年后会翻一番？
6. 如果年利率为7%，那么，你的存款在多少年后会翻一番？
7. 如果年利率为7%，那么，你的存款在多少年后会翻两番？

8. 10年期，贷款额为100,000元，年利率为9%，每个月需要偿还的金额是多少？
9. 4年期，贷款额为30,000元，年利率为5%，每个月需要偿还的金额是多少？

第七章

黑板数学：神笔妙算

在本书的导言部分，我们探讨过心算数学的诸多好处。不过，我将在本章介绍一些快速笔算的方法。在日常生活中，计算器取代了大多数的数学运算。所以，我将把重点放在平方根的求法和多位数乘法的运算方法上。不可否认，此类运算大多都是用于智力训练，而不是应用于实践。有鉴于此，我将先介绍一些加减运算的速算秘诀，这些方法都是可以用于日常生活当中的。

如果你迫切地想要挑战难度更大的乘法题，你可以越过本章，直接到第八章迎接挑战，而且第八章对于运算第九章的超级难题也非常关键。如果你想休息一下，获取更多关于数字的乐趣，那么我希望本章能满足你的要求。

一、长列数字的相加

在做生意或者计算个人资金时，你难免会遇到一长列需要加在一起的数字。请你按照常用的方法把下面这一长列数字加在一起，然后再与我所采用的方法做个比较：

$$
\begin{array}{r}
4328 \\
884 \\
620 \\
1477 \\
617 \\
+\ 725 \\
\hline
8651
\end{array}
$$

在进行加法笔算时，对这一长列数字，我采用从上到下、从右到左的顺序运算，正如在学校学到的那样。经过一段时间的练习之后，我就可以在大脑里计算这些算术题，速度和计算器一样快，甚至比计算器还要快。在进行加法运算时，我“听到”的数字是部分数字的和。也就是说，在对最右边一长列数字8+4+0+7+7+5进行加法运算时，我听到了8……12……19……26……31。然后，我就把1写下来，并向高位进位3。接着，对于下一长列数字，我听到了3……5……13……15……22……23……25。在得到最终答案后，我就把它写下来。然后，再按照原来的方法从下到上进行一次检查性质的计算，我希望两次计算的答案都是一样的。

例如，我会对最右边第一长列数字从下到上进行加法运算：5+7+7+0+4+8（当然，我听到的是5……12……19……23……31）。然后，我会在头脑中向十位进3，并把3+2+1+7+2+8+2加在一起，以此类推。之所以两次采用不同的顺序（从上至下和从下至上）将各个数字加在一起，是为了减少犯同样错误的可能。当然，如果两次计算的答案不同的话，那么至少可以说，其中的一个答案是错误的。

二、“模总和”查错法

如果不能确定计算的答案是否正确，有时我会采用一种我称之为“模总和（它的命名基于一流数学的模算术）”的方法对其进行检验。当然，这种方法并不是很通用，但是使用起来却很简单。

采用这种方法，要把每一个数的各位数字加在一起，一直加，直到和为一位数为止。例如，在求4328的模总和时，要把它的各位数加在一起：4+3+2+8=17，然后再计算 1+7=8，最后得出 4328 的模总和为 8。对于上一节的那个例子，每个数的模总和为：

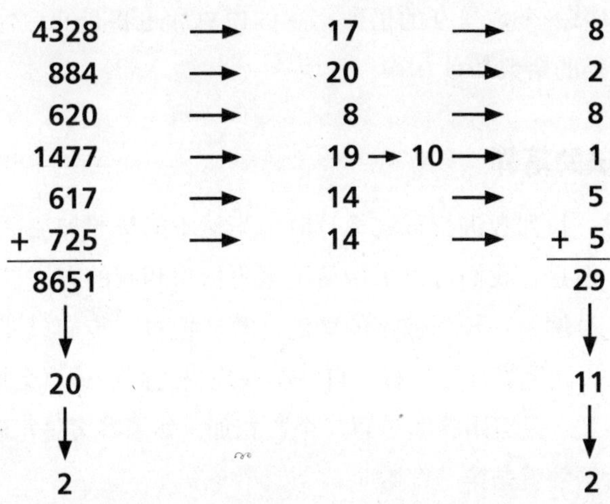

正如上面算式所示的那样，接下来要做的就是把所有的模总和加在一起（8+2+8+1+5+5）。所有模总和的和为 29，而 29 的模总和为：2+9=11，而 1+1=2，所以 29 的模总和为 2。请注意：原来那列数的总和是 8651，而它的模总和也是 2。二者都等于 2 当然不是巧合！如果答案是正确的，模总和的和计算得也正确，那么，二者的模总和一定是一样的。如果二者不同，那就肯定是什么地方出了问题。通常来说，模总和相等属于巧合的情况只有九分之一；如果答案错误，模总和查错法检查出来的概率为九分之八！

通常来说，数学家和会计更愿意称模总和查错法为舍九余数法，因为一个数的模总和恰好等于这个数除以 9 所得的余数。对于 8621 这个数，它的模总和是 2，而它除以 9 所得的商是 961（整数），余数为 2！换句话说，如果你用 8621 减去 9 的 961 次之后，最后剩下的数是 2。不过，舍九余数法有一个小小的例外：如果一个数各位数的和是 9 的任何倍数，那么这个数就是 9 的倍数。所以，如果一个数是 9 的倍数，它的模总和也将是 9，不过它与 9 相除所得的余数却是 0。

三、减法的笔算

在对一长列数进行减法笔算时，当然不能按照加法笔算的方法去做。但是，我们可以采用从上至下依次相减的方法进行。也就是说，虽然是一长列数字的减法运算，但每一步却只涉及两个数的减法。同笔算加法一样，自右至左地进行减法运算会更容易。要检验答案，只需用答案与第二个数相加。如果答案是正确的话，相加之后的数就是第一个数。

另外，模总和查错法也可以用来检验减法笔算的答案是否正确，方法就是先用各个数的模总和相减，然后再把得出的数与所得答案的模总和进行比较：

```
  65,717  →   8
- 38,491  → - 7
  27,226  →   1
     ↓        ↓
    19    →  10
```

注意一个例外：当各数模总和之差是负数或者 0 时，要用这个差加上 9，然后再进行比较，例如：

```
   42,689          2
 – 18,764        – 8
 ────────        ─────
   23,925        – 6+9=3
      ↓
     21
      ↓
      3
```

四、平方根的笔算

随着便携式计算器的应用与普及，平方根的笔算事实上已经成了一门失传的艺术和技巧。通过前面的学习，你已经知道了平方根心算的估算方法。现在，我将向你讲解如何进行平方根的笔算。

你还记得如何采用心算法估算出 19 的平方根吗？现在，我们再进行一次求 19 的平方根的表演。当然，这一次给出的将是确切的平方根：

```
                     4. 3 5 8
                  √ 19.000000
             4² =   16
                  ───────────
    8_   × _  ≤      3 00
    83   × 3  =      2 49
                  ───────────
    86_  × _  ≤        5100
    865  × 5  =        4325
                  ───────────
    870_ × _  ≤         77500
    8708 × 8  =         69664
```

下面，我将描述一种适用于计算任何数的平方根的方法，而上面这个例子将有助于你理解这种方法。

第一步：如果某数小数点前的数位是 1、3、5、7 或者任何奇数，那么，它的平方根的第一位数（商数）就是它的第一位数平方根的整数（换句话说，它的平方根的第一位数是一个最大、但其平方数又比它的第一位数小的数）；如果它的小数点前的数位是 2、4、6、8 或者任何偶数，那么，它的平方根的第一位数就是这个数前两位数平方根的整数（换句话说，它的平方根的第一位数是一个最大、但其平方数又比它的前两位数小的数）。例如，求 19 的平方根，因为 19 的位数是偶数，因此它的平方根的第一位数就应当是 19 的平方根的整数部分；或者说是某个最大、但其平方比 19 小的数，而符合这个条件的数就是 4。在求出第一位数之后，把它写在原数前一位数（奇数位数时）或者前两位数（偶数位数时）的商的位置。

第二步：用原数前一位数或前两位数减去第一步求得的商数的平方，然后拉下原数接下来的两位数。由于 $4^2=16$，而 19-16=3，拉下两个 0 之后，目前的余数是 300。

第三步：将目前所得的商数乘以 2（不要理会小数点），然后再在它的后面加上一个空格。由于 4×2=8，把 8 __ × __放在目前所剩余数（即 300）的左边。

第四步：下一个商数是一个最大的数，把它放在两个空格的位置上，乘积要小于或者等于目前所剩的余数。对于这个例子而言，这个数就是 3，因为 83×3=249，而 84×4=336，显然 336 比 300 大。在原数拉下的两位数字的商位写下这个数。对于这个例子，3 就写在第二个 0 的商位上。到此时为止，商位上的数是 4.3。

第五步：如果想得到更确切的平方根数，我们还可以继续向下计算——用余数减去乘积（即 300－249=51），然后再拉下原数接下来的两位数。在这个例子中，拉下两位数之后，51 就成了 5100，而 5100 也就成了目前的余数。接下来可以重复第三、第四步。

要求出平方根的第三位数，首先要用 2 乘商数（仍不要理会小数点），即：43 × 2 = 86。然后把 86 __ × __放在余数 5100 的左边。如果空格上的数是 5 的话，那么，865 × 5 = 4325，而 4325 又比 5100 小（如果取 6 的话，866 × 6 = 5496，而 5496 大于 5100），所以 5 就是所求平方根的第三位数，因此把它写在接下来两位数的商位上，在这个例子中就是接下来的那两个 0 上。到现在为止，商位上的商数为 4.35 了。如果想要求出更多的位数，你可以重复上述过程，正如例子中所示的那样。

下面再举一个求平方根的例子。在这个例子中，小数点前的位数为奇数：

$$
\begin{array}{rcl}
 & & 2\ 8.\ 9\ 7 \\
 & \sqrt{} & \overline{839.4000} \\
2^2 & = & 4 \\
\hline
4\_ \times \_ & \leqslant & 439 \\
4\underline{8} \times \underline{8} & = & 384 \\
\hline
56\_ \times \_ & \leqslant & 55\ 40 \\
56\underline{9} \times \underline{9} & = & 51\ 21 \\
\hline
578\_ \times \_ & \leqslant & 4\ 1900 \\
578\underline{7} \times \underline{7} & = & 4\ 0509
\end{array}
$$

接下来，我们将计算一个四位数的平方根。对于这个例子，我们先考虑这个数的前两位，以确定平方根的第一位数：

```
                 8 2. 0 6
               √ 6735.0000
          8² =  64
16_    × _ ≤    335
162    × 2 =    324
164_   × _ ≤     11 00
1640   × 0 =         0
1640_  × _ ≤     11 0000
16406  × 6 =      9 8436
```

最后，如果一个数的平方根是一个有限的数，那么，在计算到最后时所得的余数应当是0。例如：

```
          3. 3
        √ 10.89
    3² =   9
6_ × _ ≤  1 89
63 × 3 =  1 89
             0
```

五、乘法的笔算

对于乘法的笔算，我采用的方法是十字交叉法。采用这种方法，我们可以直接写出答案，而不用写出任何局部的结果！在速算领域中，笔算乘法给人留下的印象是极为深刻的。在过去，许多快速心算大师就是凭借这个方法赢得了荣耀与名声。运用该方法，他们几乎可以在一瞬间写出两个多位数相乘的积。这种十字交叉法最好通过例子来学习：

```
   47
×  34
-----
 1598
```

第一步：首先计算 4×7，得出乘积 28，写下 8，并在脑子里记住向高位进 2。如下：

第二步：根据图表，计算 2+（4×4）+（3×7），得出和 39，写下 9，并向高位进 3。如下：

第三步：最后计算 3+（3×4）=15，写下 15。得到最终的结果：

到此为止，你已经写下了答案：1598。

现在，请采用十字交叉法计算另外一个两位数相乘的乘法题：

$$\begin{array}{r} 83 \\ \times\ \ 65 \\ \hline 5395 \end{array}$$

其运算步骤与图示如下：

第一步：5×3=15。

第二步：1+（5×8）+（6×3）=59。

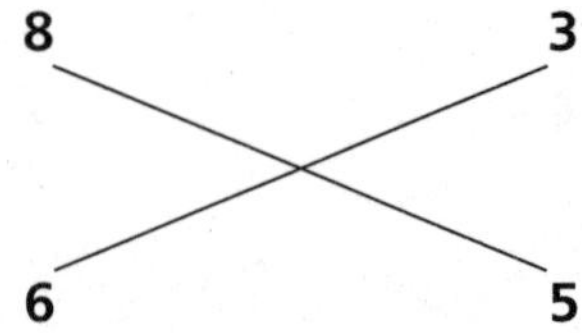

第三步：5+（6×8）=53。

答案：5395。

对于三位数之间的乘法运算，十字交叉法就显得有点儿复杂了：

$$\begin{array}{r} 853 \\ \times \quad 762 \\ \hline 649{,}986 \end{array}$$

按照十字交叉法的运算步骤，其运算过程如下：

第一步：$2\times3=\underline{6}$。

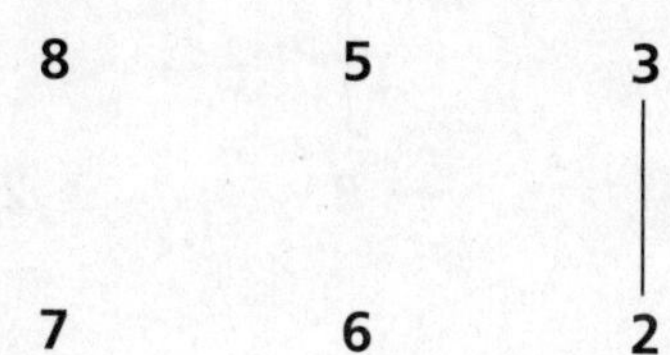

第二步：$(2\times5)+(6\times3)=2\underline{8}$。

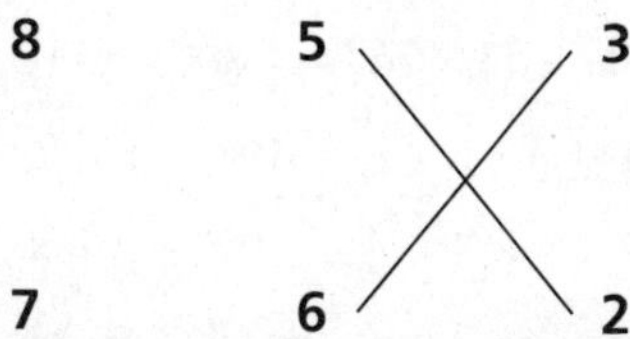

第三步：$2+(2\times8)+(7\times3)+(6\times5)=6\underline{9}$。

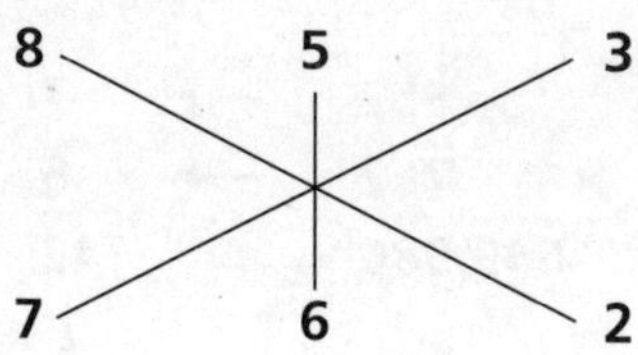

第四步：$6+(6\times8)+(7\times5)=8\underline{9}$。

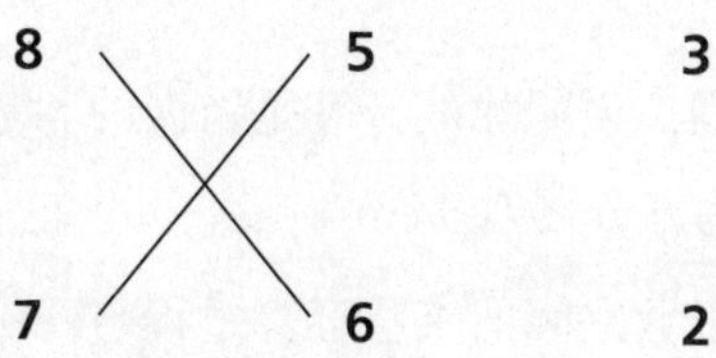

第五步：8+（8×7）=64。

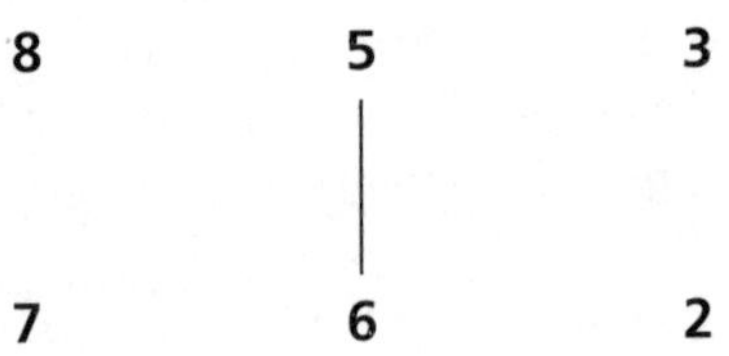

答案：649,986。

不知你是否注意到了，在进行每一步运算时，各步相乘次数分别是：1、2、3、2 和 1。事实上，十字交叉法采用的理论基础是乘法分配律。例如：853×762=（800+50+3）×（700+60+2）=（3×2）+[（5×2）+（3×6）]×10+[（8×2）+（5×6）+（3×7）]×100+[（8×6）+（5×7）]×1000+（8×7）×10,000。

答案正确吗？你也许会问。不过，你可以用模总和查错法检验答案。在查错时，可以将相乘两数模总和之积的模总和与答案的模总和进行对比。如果二者相同，答案就是正确的。例如：

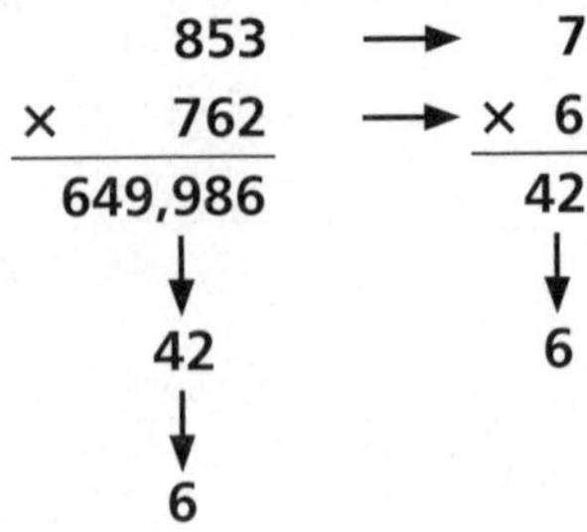

如果二者不同，说明你的计算是错误的。基本而言，这种查错法的准确程度为九分之八。

三位数与两位数之间的乘法运算过程与三位数相乘的乘法运算相同，不同的是，你可以把第二个数的百位数看作是 0：

$$\begin{array}{r} 846 \\ \times \quad 037 \\ \hline 31{,}302 \end{array}$$

第一步：7 × 6=4$\underline{2}$。

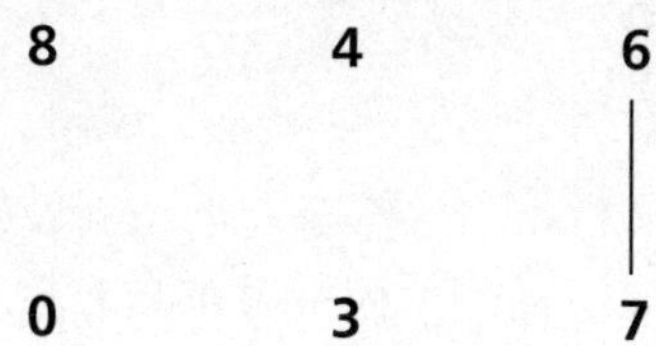

第二步：4+（7×4）+（3×6）=5$\underline{0}$。

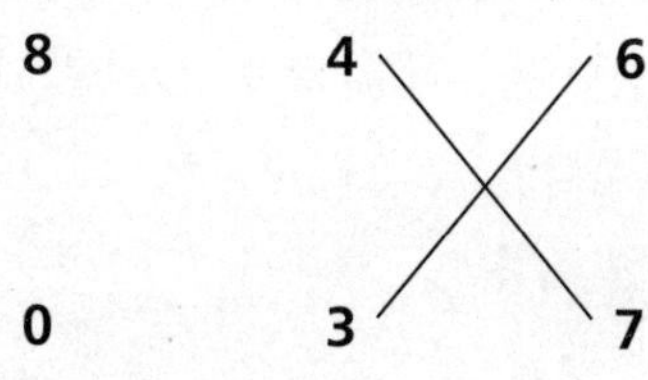

第三步：5+（7×8）+（0×6）+（3×4）=7$\underline{3}$。

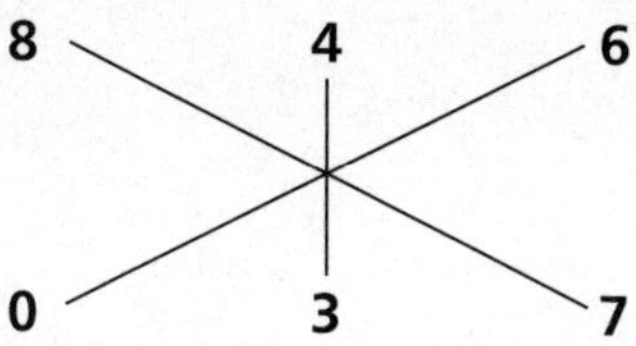

第四步：7+（3×8）+（0×4）=3$\underline{1}$。

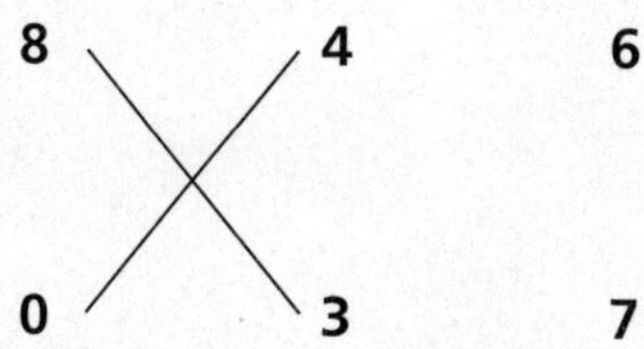

第五步：3+（0×8）=3。

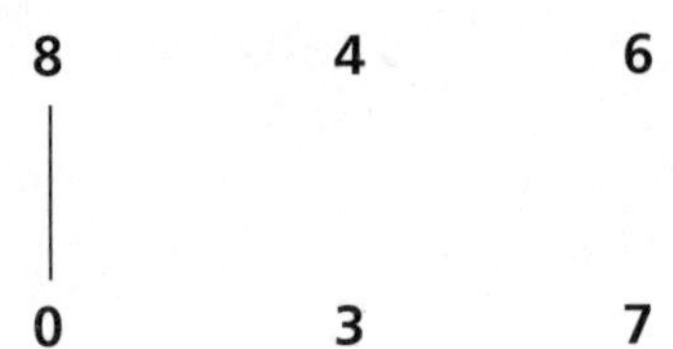

答案：31,302。

当然，在实际的运算中，你可以将与0相乘的运算步骤省略不计。

你可以采用十字交叉法做任何规模的乘法运算题。想要计算下面五位数相乘的运算题，就需要9个步骤，而每步需要进行的乘法运算次数分别是：1、2、3、4、5、4、3、2、1，也就是说你要进行25次的乘法运算。

$$
\begin{array}{r}
42,867 \\
\times \quad 52,049 \\
\hline
2,231,184,483
\end{array}
$$

第一步：9×7=63。

第二步：6+（9×6）+（4×7）=88。

4 2 8 6 7

5 2 0 4 9

第三步：8+（9×8）+（0×7）+（4×6）=10$\underline{4}$。

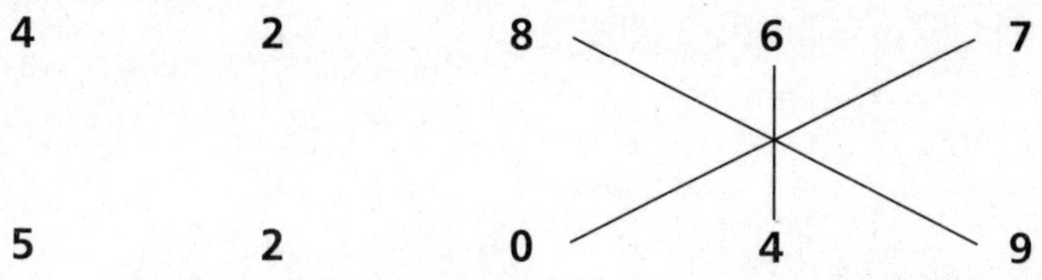

第四步：10+（9×2）+（2×7）+（4×8）+（0×6）=7$\underline{4}$。

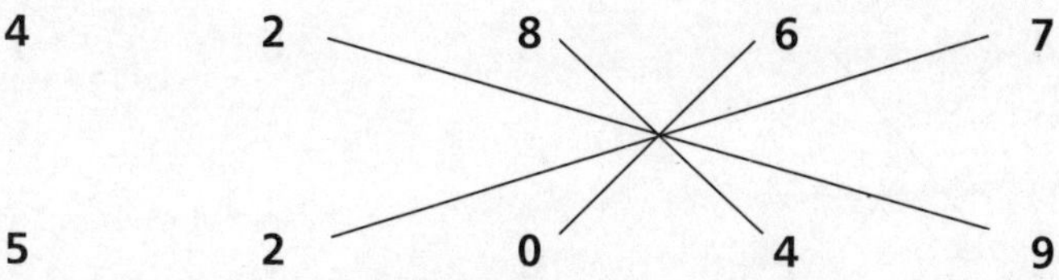

第五步：7+（9×4）+（5×7）+（4×2）+（2×6）+（0×8）=9$\underline{8}$。

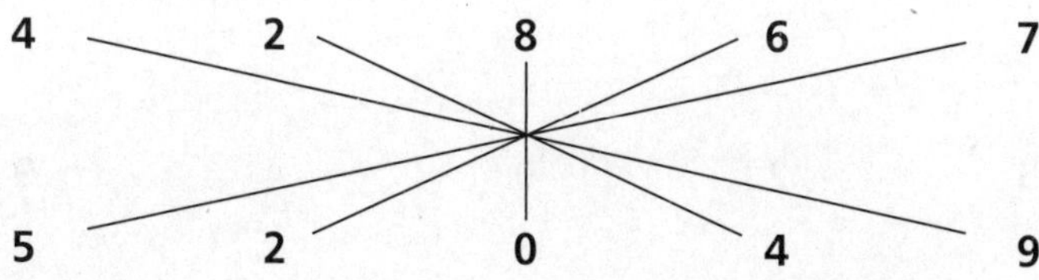

第六步：9+（4×4）+（5×6）+（0×2）+（2×8）=7$\underline{1}$。

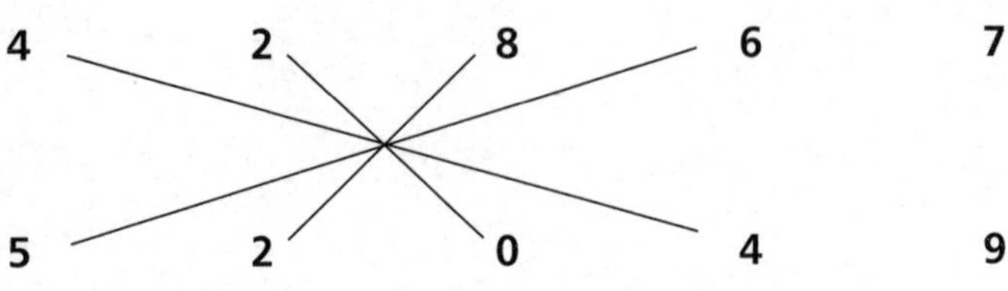

第七步：7+（0×4）+（5×8）+（2×2）=5<u>1</u>。

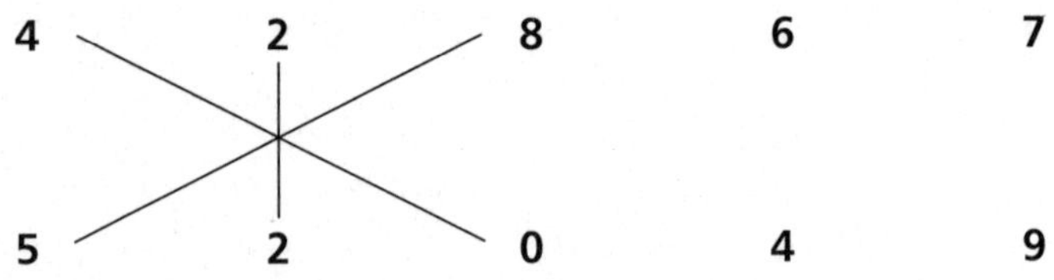

第八步：5+（2×4）+（5×2）=2<u>3</u>。

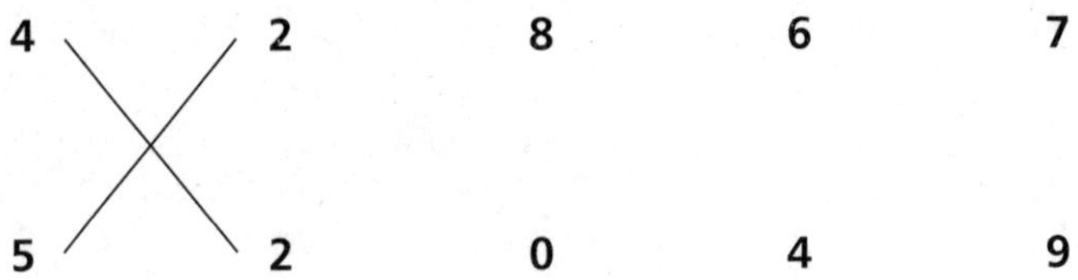

第九步：（5×4）+2=<u>22</u>。

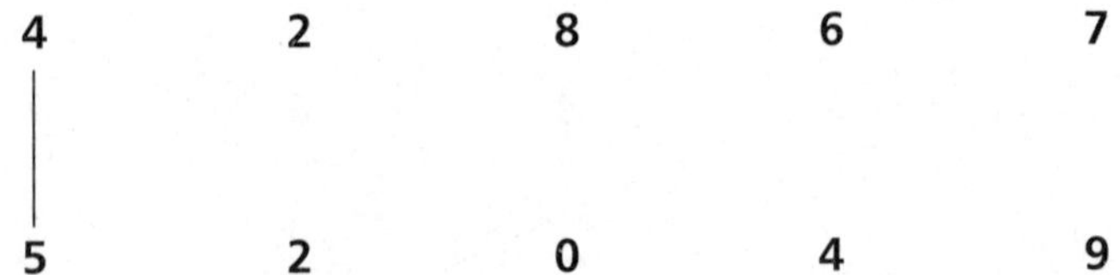

答案：<u>2,231,184,483</u>。

对于这道题，我们同样可以采用模总和查错法对答案进行检验：

```
       42,867   →    9
×      52,049   →  × 2
─────────────      ───
2,231,184,483       18
      ↓              ↓
     36              9
      ↓
      9
```

莎昆塔拉·戴维：世界上最聪明的女人

1976 年，美国《纽约时报》报道称，印度一位名叫莎昆塔拉·戴维的女人在不到 20 秒钟的时间内不但对 25,842+111,201,721+370,247,830+55,511,315 进行了加法计算，而且还将这几个数的和与 9878 进行了乘法运算！尽管这位在 1939 年出生于印度班加罗尔一个贫穷家庭且从未接受过教育的女人在欧洲和美国证明了自己快速心算的能力，但人们还是不能相信或者接受这个事实。

遗憾的是，关于戴维并非依靠“某种技巧”而展示的神奇技艺的记载几乎没有。根据记载，戴维最突出的成就就是她打破了世界吉尼斯纪录，在很短的时间内就计算出了 13 位数之间的乘法运算，而她也因此获得了“人类计算器”的称号。然而，她计算的时间却受到了质疑。据报道，1980 年 6 月 18 日，作为十字交叉法心算大师，戴维根据英国伦敦帝国大学计算机系随机提供的数字，对 7,686,369,774,870 和 2,465,099,745,799 进行了乘法运算。据说，她在 20 秒内就给出了运算的正确答案 18,947,668,178,149,153,858,271,130！对于这位世界上最聪明的女人，吉尼斯给出了这样的评价：“一些著名的数学家曾经对她的这种技能表示怀疑，并预言在严格监督的情况下她是不可能再次展现这种技能的。”因为这道乘法题需要进行 169 次乘法运算和 167 次加法运算，共计 336 次运算，这就意味着她平均每十分之一秒进行一次运算，而且还需要保证完全正确。这几乎是一个难以完成的任务！

尽管如此，戴维还是证明了她的快速心算能力，并且就此专题编写了自己的著作。

六、舍 11 余数法（或者除 11 法）

为了确保所得答案是正确的，我们还可以采用一种名为“舍 11 余数法”的查错法进行检验。检验时，其方法同舍 9 余数法类似，具体做法是：在忽略小数点的情况下，自右至左地交替进行减、加运算；如果结果是负数，那就要给这个负数加上 11。（也许你可能想着要自左至右地交替进行减、加运算。不过，对此你只能按照自右至左的顺序进行。）例如：

$$
\begin{array}{rcrcrcrcr}
234.87 & \longrightarrow & 7-8+4-3+2 & = & 2 & \longrightarrow & 2 & & \\
+\ \ 58.61 & \longrightarrow & 1-6+8-5 & = & \underline{-2} & \longrightarrow & \underline{9} & & \\
\hline
293.48 & \longrightarrow & 8-4+3-9+2 & = & 0 & \longrightarrow & 11 & \longrightarrow & 0
\end{array}
$$

这个方法同样适用于减法：

$$
\begin{array}{rcrcrcr}
65{,}717 & \longrightarrow & 14 & \longrightarrow & 3 & & \\
-\ 38{,}491 & \longrightarrow & \underline{-(-9)} & \longrightarrow & \underline{+\ 9} & & \\
\hline
27{,}226 & & \longrightarrow & & 12 & \longrightarrow & 1 \\
\downarrow & & & & & & \\
1 & & & & & &
\end{array}
$$

这个方法甚至还适用于乘法运算：

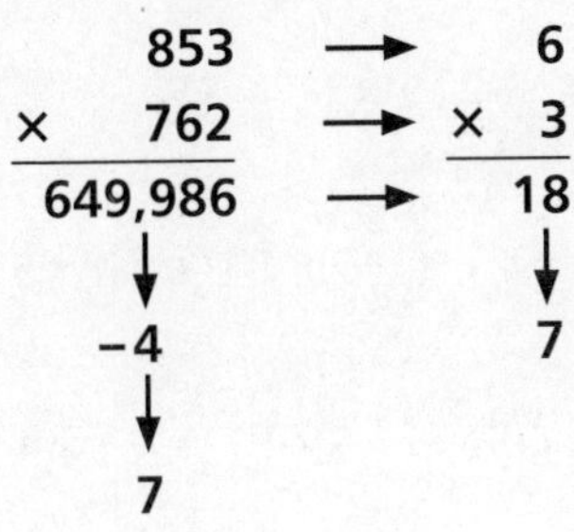

如果两个数不一样，那么，你一定是在什么地方出了错。不过，即使这两个数一样，仍有出错的可能。一般来说，这个方法检查不出错误的概率为十一分之一，而舍 9 余数法检查不出错误的概率为九分之一，因而如果同时采用这两种方法查错，查不出错误的概率则为九十九分之一。如果想要了解更多关于这个以及其他神奇数学方面的课题，我强烈建议你拜读马丁·加纳关于娱乐数学方面的作品。

现在，你已经做好了笔算诸如十位数相乘之类乘法题的准备了！当然，除了显示你的能力之外，这项技能并没有太大的实用价值。（我个人认为，能够掌握五位数之间的乘法运算就已经很不错了，因为大多数人都具备这样的能力。）下面，我将举一个十位数相乘的例子，其目的就在于证明我们可以做到这一点。在解答这道题时，我们所采用的十字交叉法运算模式同计算五位数之间的乘法运算是一样的。对于这样的一道题，我们需要 19 个步骤，而在第 10 步运算中一共有 10 次交叉乘法运算，运算步骤如下：

$$
\begin{array}{r}
2,766,829,451 \\
\times\ 4,425,575,216 \\
\hline
\end{array}
$$

第一步：$6\times1=\underline{6}$。

第二步：$(6\times5)+(1\times1)=3\underline{1}$。

第三步：$3+(6\times4)+(2\times1)+(1\times5)=3\underline{4}$。

第四步：$3+(6\times9)+(5\times1)+(1\times4)+(2\times5)=7\underline{6}$。

第五步：$7+(6\times2)+(7\times1)+(1\times9)+(5\times5)+(2\times4)=6\underline{8}$。

第六步：$6+(6\times8)+(5\times1)+(1\times2)+(7\times5)+(2\times9)+(5\times4)=13\underline{4}$。

第七步：$13+(6\times6)+(5\times1)+(1\times8)+(5\times5)+(2\times2)+(7\times4)+(5\times9)=16\underline{4}$。

第八步：$16+(6\times6)+(2\times1)+(1\times6)+(5\times5)+(2\times8)+(5\times4)+(5\times2)+(7\times9)=19\underline{4}$。

第九步：$19+(6\times7)+(4\times1)+(1\times6)+(2\times5)+(2\times6)+(5\times4)+(5\times8)+(5\times9)+(7\times2)=21\underline{2}$。

第十步：$21+(6\times2)+(4\times1)+(1\times7)+(4\times5)+(2\times6)+(2\times4)+(5\times6)+(5\times9)+(7\times8)+(5\times2)=22\underline{5}$。

第十一步：22+（1×2）+（4×5）+（2×7）+（4×4）+（5×6）
+（2×9）+（7×6）+（5×2）+（5×8）
=21<u>4</u>。

第十二步：21+（2×2）+（4×4）+（5×7）+（4×9）+（7×6）
+（2×2）+（5×6）+（5×8）
=22<u>8</u>。

第十三步：22+（5×2）+（4×9）+（7×7）+（4×2）+（5×6）
+（2×8）+（5×6）=20<u>1</u>。

第十四步：20+（7×2）+（4×2）+（5×7）+（4×8）+（5×6）
+（2×6）=15<u>1</u>。

第十五步：15+（5×2）+（4×8）+（5×7）+（4×6）+（2×6）
=12<u>8</u>。

第十六步：12+（5×2）+（4×6）+（2×7）+（4×6）=8<u>4</u>。

第十七步：8+（2×2）+（4×6）+（4×7）=6<u>4</u>。

第十八步：6+（4×2）+（4×7）=4<u>2</u>。

第十九步：4+（4×2）=<u>12</u>。

如果第一次就能成功计算出难度如此大的乘法题，这说明你已经基本完成从数学魔术学徒到大师的转变了！

$$
\begin{array}{rcl}
 & 2,766,829,451 & \longrightarrow 5 \\
\times & 4,425,575,216 & \longrightarrow 5 \\
\hline
12,244,811,845,244,486,416 & & \longrightarrow 7
\end{array}
$$

笔算数学练习题

练习：长列数字相加

计算下列加法题，然后通过从下到上的方式对答案进行检验，然后再采用模总和查错法检验。如果模总和不一样，请重新检验计算过程：

1.
$$
\begin{array}{r}
672 \\
1367 \\
107 \\
7845 \\
358 \\
210 \\
+\ \ 916 \\
\hline
\end{array}
$$

2.
$$
\begin{array}{r}
21.56 \\
19.38 \\
211.02 \\
9.16 \\
26.17 \\
+\ \ 1.43 \\
\hline
\end{array}
$$

练习：减法笔算

计算下列减法题，并用模总和的方法对答案进行检验，然后再采用把下面两数相加得到最上面的数的方法进行检验：

1. $\begin{array}{r} 75{,}423 \\ -\ 46{,}298 \\ \hline \end{array}$

2. $\begin{array}{r} 876{,}452 \\ -\ 593{,}876 \\ \hline \end{array}$

3. $\begin{array}{r} 3{,}249{,}202 \\ -\ 2{,}903{,}445 \\ \hline \end{array}$

4. $\begin{array}{r} 45{,}394{,}358 \\ -\ 36{,}472{,}659 \\ \hline \end{array}$

练习：平方根笔算

采用本章学过的运算方法，计算出下列各数确切的平方根数（小数点后保留两位有效数字）：

1. $\sqrt{15}$

2. $\sqrt{502}$

3. $\sqrt{439.2}$

4. $\sqrt{361}$

练习：乘法笔算

采用十字交叉法计算下列乘法题，并采用模总和查错法检验计算结果：

1. $\begin{array}{r} 54 \\ \times\ 37 \\ \hline \end{array}$

2. $\begin{array}{r} 273 \\ \times\ 217 \\ \hline \end{array}$

3. $\begin{array}{r} 725 \\ \times\ 609 \\ \hline \end{array}$

4. $\begin{array}{r} 3{,}309 \\ \times\ 2{,}868 \\ \hline \end{array}$

5. $\begin{array}{r} 52{,}819 \\ \times\ 47{,}820 \\ \hline \end{array}$

6. $\begin{array}{r} 3{,}923{,}759 \\ \times\ 2{,}674{,}093 \\ \hline \end{array}$

第八章

难忘的一章：数字的记忆

人们最常问的是关于我的记忆力的问题。事实上，我的记忆力跟普通人没有什么区别。不过，之所以能够记住许多复杂的数字，是因为我采用了一种任何人都能掌握的方法（关于这个方法，我将在下面介绍给大家）。事实上，实验表明，几乎所有智力正常的人都能够通过学习和练习大幅提升记忆力。

在本章，我将介绍一个可以提高记忆力的方法。提高记忆力具有积极的现实意义，因为它不仅可以帮助我们记住日期或者电话号码，而且还有助于提高希望成为数学魔术师的你解答数学难题的能力。在本章中，你将学习如何运用这些记忆技巧来进行五位数之间的乘法心算！

一、记忆术的使用

这里讲的方法是记忆术的一个例子，也就是说，它是一种用来提高代码记忆和读取能力的工具。记忆术就是将一些毫无意义的规律和数据（诸如数序等）转换成为具有意义的事物。例如，请花一点儿时间记住下面这句话：

> My turtle Pancho will, my love, pick up my new mover, Ginger.
>
> 我的海龟潘丘将会，我的爱，捡起我的新搬运工人，金吉。

大声诵读这句话，一遍一遍地读。然后，不要看纸上的字句，一遍一遍地重复这句话，直到不看这句话，也能想象着海龟潘丘捡起你的新搬运工人金吉。做到了吗？

做到了？恭喜你！你已经记住了圆周率 π 的前 24 位数字。想起来了吧？ π 就是你在学校学过的圆周与圆的直径的比率，而它通常约等于 3.14 或者 22/7。事实上，π 的数值是不规律的，人们曾利用计算机将 π 的数值计算到 10 亿位，仍然找不出其重复的规律。

二、语音代码

你可能在想，“我的海龟潘丘将会，我的爱，捡起我的新搬运工人，金吉”这句话怎么能够转换成 π 的前 24 位数字呢？

要做到这一点，你首先必须记住下面这些语音代码。根据这些语音代码，将 0 到 9 这 10 个数字分别用一个或者多个辅音代替：

1 由 t 或者 d 代替

2 由 n 代替

3 由 m 代替

4 由 r 代替

5 由 l 代替

6 由 j、ch 或者 sh 代替

7 由 k 或者浊辅音 g 代替

8 由 f 或者 v 代替

9 由 p 或者 b 代替

0 由 z 或者 s 代替

记住这些代码并不像想象的那样难。需要指出的一点是，在这些代码中，有的数字是由两个或者两个以上的辅音来替代的，这是因为它们的发音很相似。例如，k 音就与浊辅音 g 类似。下面这些技巧有助于你记住这些代码：

1: 字母 t 或 d 有 1 个向下的笔画

2: 字母 n 有 2 个向下的笔画

3: 字母 m 有 3 个向下的笔画

4: 4(four) 的最后一个字母是 r

5: 伸展手掌，使 4 个手指向上，而拇指与手指成 90 度——也就是说，5 个手指构成了 l 形状

6: j 看起来就像翻转过来的 6

7: k 看起来像两个反过来背靠背贴在一起的 7

8: 小写 f 或者草写体 f 弯弯曲曲的很像 8

9: 数字 9 看起来像一个反过来看的 p 或者一个颠倒的 b

0: 0 的英文单词 (zero) 首字母就是 z

很复杂？如果你觉得这样还比较复杂的话，那么，你只要记住这些数字的顺序，再想着托尼·马洛斯科维普斯（Tony Marloshkovips）这个名字就行了！

试着记住上面这些数字的语音代码。接下来，你可以把元音放在这些辅音的周围或者中间，从而把需要记住的数字转变成单词。

例如，数字 32 可以被写成下面这些单词：man（男人）、men（男

人们）、mine（我的）、mane（鬃毛）、moon（月亮）、many（许多）、money（金钱）、menu（菜单）、amen（阿门）、omen（预兆）、amino（氨基的）、mini（迷你）、Minnie（米妮）等。注意到了吗？Minnie（米妮）也是可以的，因为在这个单词中辅音 n 只用过一次。

下面这些单词是不能用来代表数字 32 的，因为这些单词中还含有与其他数字相关联的辅音，如：mourn（哀悼）、melon（瓜）和 mint（薄荷）。这些单词分别代表数字 342、352 和 321。在组成单词的时候，h、w 和 y 这些辅音可以随意使用，因为它们与任何一位数字都没有关联。所以，32 这个数字还可以用单词 human（人类）、woman（女人）、yeoman（自耕农）或者 my honey（我的宝贝）代替。

下面这个清单会在利用语音代码组成单词方面给你提供一些好主意。你不一定要记住这个清单，但可以从中获得一些灵感，从而编写出你自己的数字代码：

1	tie	12	tin	23	name	34	mower
2	knee	13	tomb	24	Nero	35	mule
3	emu	14	tire	25	nail	36	match
4	ear	15	towel	26	notch	37	mug
5	law	16	dish	27	neck	38	movie
6	shoe	17	duck	28	knife	39	map
7	cow	18	dove	29	knob	40	rose
8	ivy	19	tub	30	mouse	41	rod
9	bee	20	nose	31	mat	42	rain
10	dice	21	nut	32	moon	43	ram
11	tot	22	nun	33	mummy	44	rear

续表

45	roll	59	lip	73	comb	87	fog
46	roach	60	cheese	74	car	88	fife
47	rock	61	sheet	75	coal	89	VIP
48	roof	62	chain	76	cage	90	bus
49	rope	63	chum	77	cake	91	bat
50	lace	64	cherry	78	cave	92	bun
51	light	65	jail	79	cap	93	bomb
52	lion	66	judge	80	face	94	bear
53	lamb	67	chalk	81	fight	95	bell
54	lure	68	chef	82	phone	96	beach
55	lily	69	ship	83	foam	97	book
56	leash	70	kiss	84	fire	98	puff
57	log	71	kite	85	file	99	puppy
58	leaf	72	coin	86	fish	100	daisies

1. 数字的单词清单

要不要试一试呢？好，请你将下列数字转换成单词，然后与下面给出的单词对照。注意一个数字可以有多个与之对应的单词：

42
74
67
86
93
10
55
826
951
620
367

下面这些单词是我根据这些数组成的：

42：rain（雨）、rhino（犀牛）、Reno（里诺）、ruin（毁灭）、urn（嗯）

74：car（小汽车）、cry（哭）、guru（古鲁）、carry（运载）

67：jug（水壶）、shock（打击）、chalk（粉笔）、joke（玩笑）、shake（摇动）、hijack（劫持）

86：fish（鱼）、fudge（软糖）

93：bum（游荡者）、bomb（炸弹）、beam（光束）、palm（手掌）、Pam（帕姆）

10：toss（投掷）、dice（骰子）、toes（脚趾）、dizzy（晕眩）、oats（燕麦）、hats（帽子）

55：lily（百合）、Lola（洛拉）、hallelujah（哈利路亚）

826：finch（雀）、finish（完成）、vanish（消失）

951：pilot（飞行员）、plot（情节）、belt（带子）、bolt（门闩）、bullet（子弹）

620：jeans（牛仔裤）、chains（链）、genius（天才）

367：magic（魔法）

练习一下，请将下列单词转换成数字：

dog

oven

cart

fossil

banana

garage

pencil

Mudd

multiplication

Cleveland

Ohio

答案是：

dog：17

oven：82

cart：741

fossil：805

banana：922

garage：746

pencil：9205

Mudd：31

multiplication：35,195,762

Cleveland：758,521

Ohio：什么也不代表

尽管一个数字往往可以转换成许多个单词，但是一个单词却只能转换成唯一的数字。对于实践来说，这倒是一个非常重要的特性，因为它可以使我们记起一些特定的数字。

利用语音代码系统，你可以将任何一个或者一列数字（如电话号码、身份证号码、驾驶证号码、π 的数值）转变成一个单词或者一句话。现在看看前面讲的那句话——“我的海龟潘丘将会，我的爱，捡起我的新搬运工人，金吉”是怎样表示 π 的前 24 位数值的：

3 1415 926 5 3 58 97 9 3 2 384 6264

My turtle Pancho will, my love, pick up my new mover, Ginger。

你要记住，在使用这套语音代码系统时，g 是一个浊辅音，就如同在单词 grass 中的发音一样；而清辅音 g（如单词 Ginger 中的发音）的发音类似于 j，因而它指代的数字为 6。另外，从语音上讲，单词 will 只表示一个数字 5，因为它只有一个与一位数相对应的辅音 l，而辅音 w 是可以随意用的。因为这句话只能被转换成上面的这 24 个数字，所以你已经成功地记住了 π 值的前 24 位数字！

这套系统是一种非常有用的工具，你可以用它记住想要记忆的任何数字，而且没有止境！例如，通过下列两句话，再加上刚才的那句话“My turtle Pancho will, my love, pick up my new mover, Ginger”，你可以记住 π 值的前 60 位数字：

3 38 327 950 2 8841 971

My movie monkey plays in a favorite bucket.

我的影星猴子在一个喜爱的桶内玩耍。

69 3 99 375 1 05820 97494

Ship my puppy Michael to Sullivan's back–rubber.

把我的玩偶迈克尔运送给沙利文的背部按摩员。

是不是很简单呢？想要记住 π 值前 100 位的数值吗？把下面这两句话与前面的几句话连接在一起，就可以做到这一点：

45 92 307 81 640 62 8 620

A really open music video cheers Jenny F. Jones.

一盘真正开放的音乐录像带使詹妮·F. 琼斯很开心。

8 99 86 28 0 3482 5 3421 1 7067

Have a baby fish knife so Marvin will marinate the goosechick.

拿一把小鱼刀，这样马文就可以浸泡小鹅了。

一旦你将这些句子背得滚瓜烂熟，就能够快速而又准确地将它们转换成数字。如果能够做到这一点，你就非常了不起了！不过，你必须想办法，打破世界纪录。目前，记忆 π 值的世界记录是中国人吕超在 2005 年创造的，他无差错背诵圆周率达到小数点后第 67890 位。

神奇的记忆大师：亚历山大·克莱格·艾特肯

也许世界上最著名的记忆大师应当包括英国爱丁堡大学的数学教授亚历山大·克莱格·艾特肯（1895—1967），因为他不但能够记住 π 的前 1000 位数值，而且还在一次讲课时应众人的要求，展示了他那神奇的记忆能力，快速地背诵出了 π 的前 250 位数值。更令人感到神奇的是，他遇到了更大的挑战，因为就在他背诵到第 250 位时，他被要求跳过 300

位数，从第551位数开始，背诵出之后的150位数。不过，面对挑战，艾特肯没有犯一个错误，他成功了！

那么，他是怎么做到的呢？艾特肯对他的观众说：“对我的大脑来说，秘密就是放松，与人们通常认为的专心完全相反。”艾特肯更多的是依靠听觉。按照50位数一组，他把这些数字排列在一起，并按照一定的节奏来记忆。他非常自信地解释说：“这种记忆方法太容易了，否则它是不值得一提的。”

艾特肯不仅能够记住 π 的前1000位数值，而且还能够轻松地计算五位数之间的乘法运算，但这并不能说他是一个合格的速算大师。谈到艾特肯，一位名叫托马斯·奥贝恩的数学家回忆说：“有一次，一个台式计算器推销员到艾特肯的办公室推销计算器。那个推销员好像说过这样的话，‘现在，我们就计算23,586×71,283吧。’谁知他刚一说完，艾特肯就说‘答案是……’那个推销员太专注于推销他的计算器了，他甚至没有注意到艾特肯的反应。不过，他的经理却注意到了。当他发现艾特肯的计算正确时，他几乎惊呆了（如果是我，我也会的）。”

具有讽刺意味的是，艾特肯发现，在他为自己购买了一台计算器之后，他自己的心算能力却快速地下降。预料到将来可能的情景，艾特肯悲叹道：“同塔斯马尼亚人或者毛利人一样，会心算的人可能会灭绝。那时，人们会把他当作稀奇的标本，从人类学的角度去研究，而我的一些听众到公元2000年的时候可能会说，‘不错，我知道一个这样的人。’”值得庆幸的是，历史证明他错了！

三、使心算更轻松

记忆术不仅能够帮你记忆长列的数字，而且还能够帮你记忆心算过程中比较难记的部分运算结果。下面这个例子表明了记忆术是如何帮你进行一个三位数的平方心算的：

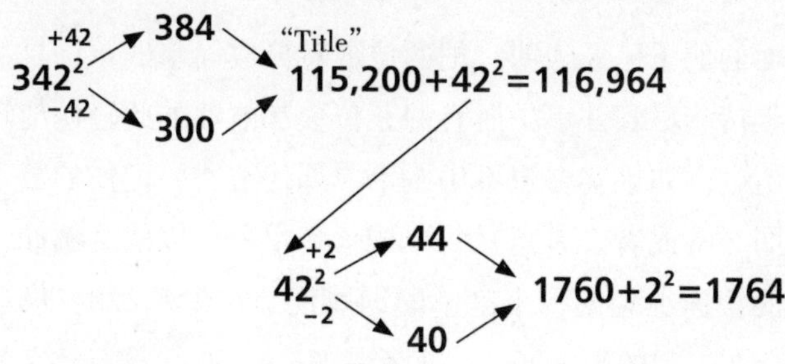

在第三章中我们讲到，求342的平方，你首先要计算300×384，得出115,200；然后再加上42的平方。不过，在计算了42^2=1764之后，你可能已经忘记了原来的数字115,200。在这个时候，语音代码记忆系统就起作用了。在记忆115,200时，伸出两个手指代表200，然后把115转换成单词title（头衔）。重复title一两次，你就能记住它。这样，115,200这个数字就容易记住了，特别是在你开始计算42^2之后。一旦得出42^2=1764这个结果之后，你就可以拿这个数与title 2或者115,200相加，从而得出最终的答案：116,964。

下面再举一例：求273的平方。

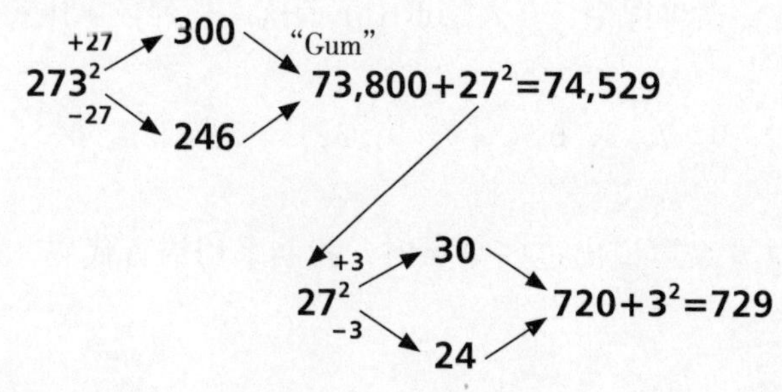

计算了 300×246=73,800 之后，将 73 转换成单词 gum，然后伸出 8 个手指代表 800。在计算了 27^2=729 之后，把 729 与 gum 8 或者 73,800 加在一起，就得到了最终的答案：74,529。这样做在开始的时候似乎很麻烦，不过在熟练之后，把数字转换成单词，然后再把单词转换成数字只不过是瞬间的事情。

上面的例子已经表明，把两位数转换成简单的单词是一件很容易的事情。尽管并不是所有的三位数都能够如此轻松地转换成单词，不过，如果实在想不出一个单词代替所要记住的数字，用一个非同寻常或者没有意义的单词代替也是可以的。例如，如果一时不能快速地想出一个简单的词取代 286 或者 638，你可以用两个结合在一起的词 no fudge 或者诸如 jam-off 等没有意义的词。看到了吧，即使这些没有意义的词也会很容易地转换成需要记住的数字 286 或者 638。在下一章中，对一些数字庞大的数学题来说，这些记忆的技巧是不可或缺的。

四、记忆魔法

通常来说，不借助记忆术，普通人一次只能记住七八位数。不过，如果具备了将数字转换成单词的能力，你就可以大大扩展你的记忆空间。让某人慢慢地说出一个 16 位数，并让另外一个人把这些数字写在纸上或者黑板上。在他们做完这一切之后，你不用看纸或者黑板，就能按照原本的顺序把这些数字复述出来！最近，在一次讲课中，有人给出了下面这一长列数字让我记忆：

1，2，9，7，3，6，2，7，9，3，3，2，8，2，6，1

在对方大声说出这些数字时，我就采用语音代码，把这些数字转换成单词，并把它们结合在一起，构成一个荒谬的故事。我是这样做到的：12 变成了 tiny；97 变成了 book；362 变成了 machine；793 变成了 kaboom；32 变成了 moon；而 8261 则变成了 finished。

然后，我把这些转换过来的词结合在一起，把它们编成一个荒诞的故事，以便我能记住它们：我想象我找到了一本小（tiny）书（cbook），我把它放进一台机器（machine）里，结果机器爆炸（kaboom）了，把我炸到月亮（moon）上，我完了（8261）。这个故事听起来似乎有些可笑，不过故事越是可笑，就越容易记住。除此之外，你还能从中获取更多的乐趣呢！

第九章

由难变易：高级乘法运算

通过对前面各章的学习，你已经学会了加法、减法、乘法和除法的心算以及估算技巧，还学会了笔算技巧和辅助记忆的语音代码系统。你是不是真的想要挑战自己心算能力的极限，从而使自己成为一个了不起的数学魔术师呢？如果答案是肯定的，本章将帮你实现这个目标！因为本章将教你如何计算四位数的平方，以及我公开表演的难度最大的乘法运算题——五位数的乘法运算。

要做这些乘法运算，对你来说，快速而又轻松地应用语音代码就显得特别重要。只要浏览一下本章下面的内容，你就会发现所要心算的数学题看起来非常难。现在，我再次重申本书的两个重要前提：（1）几乎每一个人都能学会所有的心算技巧；（2）心算的关键就在于，使复杂问题简单化——也就是说，要把所有的难题简化成容易运算的题，然后再快速地运算。你在前面各章学到的简化技巧将会简化你在本章或者其他地方遇到的数学难题。由于你已经学习了前面各章，而我们也相信你已经掌握了学过的技巧，所以本章主要的教授方式就是图示或者算式演示，而不会做非常详细的解释。不过，在演示的过程中，我们会提醒你，一些难度较大的题里面含有许多你在前面各章已经遇到过的比较简单的运算题。

我们还是先从四位数的平方讲起吧！祝你成功！

一、四位数的平方心算

要进行四位数的平方心算，你首先需要做的就是学会四位数与一位数之间的乘法运算。做这样的运算时，我们把它分解成两个两位数与一位数之间的乘法运算，例如：

$$
\begin{array}{rr}
 & 4{,}867\,(4{,}800+67) \\
 & \times \quad 9 \\
\hline
9\times 4{,}800= & 43{,}200 \\
9\times 67= & +\quad 603 \\
\hline
 & 43{,}803
\end{array}
$$

$$
\begin{array}{rr}
 & 2{,}781\,(2{,}700+81) \\
 & \times \quad 4 \\
\hline
4\times 2{,}700= & 10{,}800 \\
4\times 81= & +\quad 324 \\
\hline
 & 11{,}124
\end{array}
$$

$$
\begin{array}{rr}
 & 6{,}718\,(6{,}700+18) \\
 & \times \quad 8 \\
\hline
8\times 6{,}700= & 53{,}600 \\
8\times 18= & +\quad 144 \\
\hline
 & 53{,}744
\end{array}
$$

$$
\begin{array}{rr}
 & 4{,}269\,(4{,}200+69) \\
 & \times \quad 5 \\
\hline
5\times 4{,}200= & 21{,}000 \\
5\times 69= & +\quad 345 \\
\hline
 & 21{,}345
\end{array}
$$

一旦掌握了四位数与一位数之间的乘法运算，你就可以进行四位数的平方心算了。例如，计算 4267 的平方。采用两位数、三位数平方的心算方法，我们首先对 4267 取下 4000 和取上 4534，计算 4534 × 4000（四位数与一位数相乘），然后把它的乘积与 267^2 相加。如下图示：

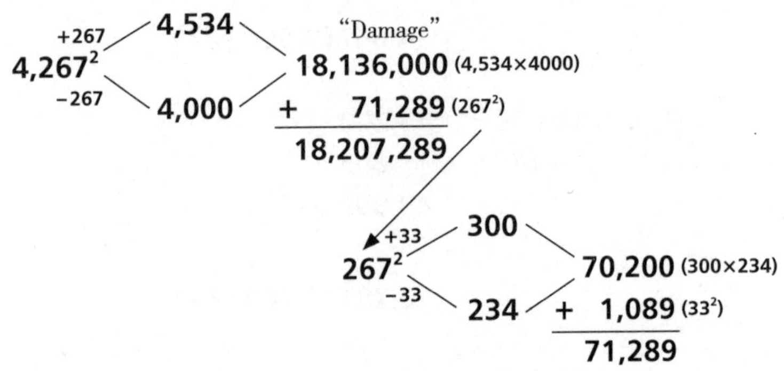

显而易见，在心算过程中，涉及许多方面的运算。不错，说“再加上 267 的平方”是一回事，而实际去做、并记住需要与之相加的数则是另一回事。首先，在计算了 4534 × 4 = 18,136 之后，你实际上就可以大声地说出答案的第一部分“一千八百……”了。之所以可以这样做，是因为在下一步的运算中，需要做平方运算的最大的三位数也不过是 500 而已。由于 500 的平方等于 250,000，所以一看到 18,000,000（即一千八百万）后面的数（在这道题中是 136,000）小于 750,000，你就会知道百万（包括百万）位以上的数是不会改变的。

一旦大声地说出“一千八百……”之后，在做 267 的平方运算之前，你只要记住 136,000 就可以了。在这里，我们在第八章学到的记忆术就派上了用场！利用语音代码，你可以把 136 转换成单词 damage（损害）。接下来，你只要在记住 damage（当然，damage 的后面跟有三个 0，这是心算时往往会遇到的情况）的同时，继续进行下面的运算就可以了。无论是什么时候，如果忘记了原数是什么，你可以看一眼原数；如果原数没有写出来，你可以请观众重复他们让你解答的难题（这会给他们造成一种错觉，使他们认为你要重新开始运算，而事实上你已经开展一些运算了）！

现在，你就可以按照已经学过的方法计算三位数的平方，得到结果 $267^2=71,289$。在记这个结果的时候，我总是很难记住百位数（例题中的2）。于是，我就通过伸手指（在这里是两根手指）解决这个问题。如果忘记了最后两位数（89），你可以返回到原数（4267），对其最后两位数（67）进行平方运算（$67^2=4489$），然后取这个结果的最后两位数。用 71,289 与 damage（转换成数字是 136,000）相加，你就得到了后一部分答案：207,289。然后，你就可以大声地接着说出"……二十万七千二百八十九"了。

再举一个四位数平方心算的例子：8431^2。

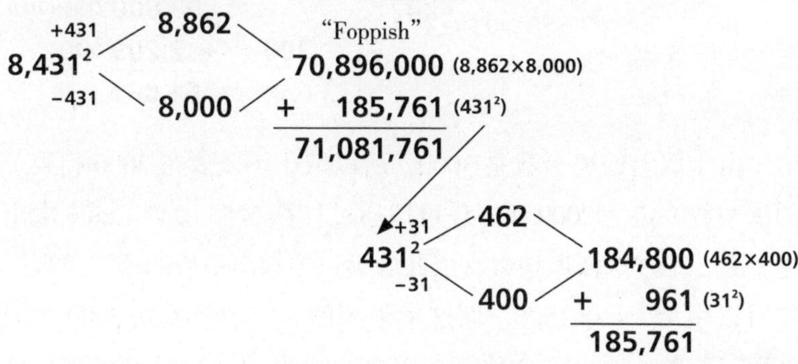

关于这道题的心算，我不会像解答上一道题那样进行详细说明，而只会对一些关键的地方做一些点评。在计算了 $8\times8862=70,896$ 之后，你要注意 896 大于 750，所以进位是可能的。事实上，由于 $431^2>400^2=160,000$，所以在进行 896,000 与后面三位数平方的加法运算之前，你就能确定一定需要进位。所以，在计算到这一步的时候，你就可以确定无疑地大声说："七千一百……"

计算 $431^2=185,761$ 后，再计算 $896+185=1081$，然后大声地说出剩余部分的答案。不过，你要记住你已经确定了进位，所以你只要大声地说出"七千一百零八万一千七百六十一"。计算对了？真的很不错！

再举一个例子：2753^2。

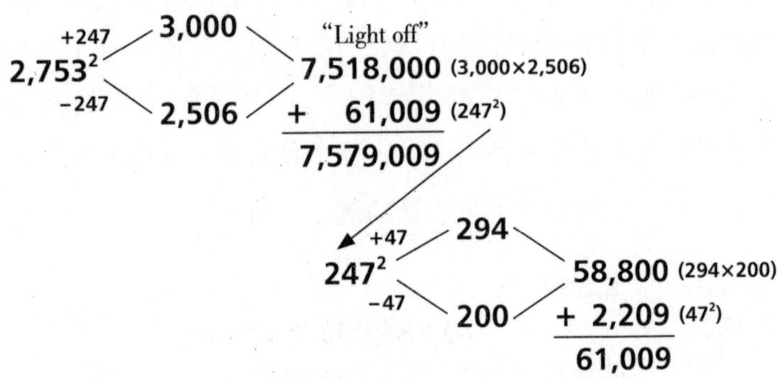

由于取上的那个数是 3000，所以取下（或者与 3000 相乘）的那个数一定是 2000 多。你可以通过计算 $2753-247=2506$ 求出这个数，不过这样做稍微有点儿麻烦。要求出最后的这三位数，你可以用 $753\times 2=1506$，而这个乘积的后三位数就是 2000 多的最后三位数，所以这个数就是 2506！为什么可以这么做呢？那是因为相乘两个数的和一定与原数的两倍相等。

然后，你就可以按照以往的步骤运算：$3000\times 2506=7,518,000$，518 转换成词 light off，然后就可以大声地说出答案的第一部分"七百……"了。你可以非常自信地这么说出来，因为 518 小于

750，所以也就没有进位可言。

接下来，把这个结果与247的平方相加。你要记住，753的补足数是247，这样你就能够快速地将它计算出来。然后，按照此前所讲的四位数平方运算的步骤，求出最后的答案。

托马斯·富勒：博学的人是大傻瓜

残疾对于一个人的学习来说无疑是一大障碍，譬如海伦·凯勒；而卑微的社会地位对于一个人的学习则更是一道难以逾越的鸿沟，譬如1710年出生于非洲的托马斯·富勒。富勒不仅是一个文盲，而且还被当作奴隶强迫在弗吉尼亚州的田地里干活，他没有接受过一天的学校教育。作为伊丽莎白·考科斯夫人的“财产”，托马斯·富勒依靠自学，学会了从1数到100。此后，他又通过数身边的谷物，例如一蒲式耳（约等于八加仑）的小麦、一蒲式耳的亚麻籽，以及牛尾上的毛发根数（2872），大大地提高了他的数字认知能力。

除了学数数外，富勒还学会了计算盖一座房屋需要的砖瓦数、木头数以及其他相关建筑材料的数目。随着数字认知能力的提高，富勒的名声也越来越大。到年老的时候，两名宾夕法尼亚人前来挑战他的计算能力，而他们出的问题即使对最优秀的速算大师来说也是一项挑战。例如，他们问了这样一道题：假设一个农场主拥有6头母猪，在第一年每头母猪生了6头母猪；在下一年，每头母猪又生了6头母猪；照这样计算，到第8年年底，这个农场主将会拥有多少头猪？事实上，这道题可以转换成$7^8\times6$，也就是（7×7×7×7×7×7×7×7）×6。在10分钟内，富勒给出了正确答案：34,588,806。

在1790年富勒临死的时候，美国《哥伦比亚哨兵》杂志报道称："他可以将任何距离换算成杆、码、英尺、英寸和大麦粒数（注：杆和大麦粒同码和英寸一样，都是计量距离的单位），说出地球轨道的直径；对每一道数学题，他都能给出正确的答案，而且在100个人当中，他所用的时间要比其他99个人所用的时间都要少。"在问到是否因为从来没有接受过传统教育而感到遗憾时，富勒回答说："不，先生，对我来说，没有接受教育是最好不过的事情了，因为许多博学的人事实上都是大傻瓜。"

练习：四位数的平方

1. 1234^2
2. 8639^2
3. 5312^2
4. 9863^2
5. 3618^2
6. 2971^2

二、三位数与两位数的乘法运算

在做两位数之间的乘法运算时，我们可以采用多种不同的方法。在做乘法运算时，相乘的数的位数越多，可以采用的方法也就越多。因此，在做三位数与两位数的乘法运算时，认真地选择一下方法是非常有好处的，因为采用更好的方法会减少脑力的消耗。

1. 分解法

最容易的三位数与两位数之间的乘法运算是那些两位数可以分解的乘法题。例如：

$$\begin{array}{r} 637 \\ \times\ 56(8\times7) \\ \hline \end{array}$$

$$637\times56=637\times8\times7=5096\times7=35,672$$

这种运算是最好的方法，因为这样做不需要进行任何加法运算。只需要把 56 分解成为 8×7，然后分别做一个三位数与一位数（637×8=5096）和一个四位数与一位数（5096×7=35,672）的乘法运算就可以了。在运算过程中，没有加法步骤，也没有必要记住任何中间结果。

在两位数当中，有不少都可以分解成 11 和小于 11 的因数，因此可以采用这种方法解答许多运算题。例如：

$$\begin{array}{r} 853 \\ \times\ 44(11\times4) \\ \hline \end{array}$$

$$853\times11\times4=9,383\times4=37,532$$

做 853×11 的运算，要把 853 看作是 850+3，然后按照下面的步骤计算：

$$\begin{array}{rr} 850\times11= & 9,350 \\ 3\times11= & +\quad 33 \\ \hline & 9,383 \end{array}$$

在做 9383×4 的运算时，要把 9383 看作 9300+83，如下所示：

$$\begin{array}{r} 9{,}300\times 4= \quad 37{,}200 \\ 83\times 4= +\quad\ \ 332 \\ \hline 37{,}532 \end{array}$$

如果相乘的两位数不能分解成小的因数，可以看看相乘的三位数是否能够分解：

$$\begin{array}{r} 144(6\times 6\times 4) \\ \times\ \ 76\qquad\qquad \\ \hline \end{array}$$

$$\begin{aligned} 76\times 144 &= 76\times 6\times 6\times 4 \\ &= 456\times 6\times 4 \\ &= 2{,}736\times 4 \\ &= 10{,}944 \end{aligned}$$

不知你注意到了没有，上面乘法运算的顺序是：先是两位数与一位数和三位数与一位数的乘法运算，最后是四位数与一位数的乘法运算。对你来说，解决这些乘法运算已经是轻而易举的事情，所以三位数与两位数的乘法运算也就不是什么问题了。

在下面这个例子中，两位数是不能分解的，不过三位数却是可以分解的：

$$\begin{array}{r} 462(11\times 7\times 6) \\ \times\ \ 53\qquad\qquad \\ \hline \end{array}$$

$$53\times 11\times 7\times 6=583\times 7\times 6=4{,}081\times 6=24{,}486$$

对于这个例子，其运算顺序是：两位数与两位数、三位数与一位数和四位数与一位数相乘。在分解 462 这个三位数时，因数里面有一个两位数 11。你可以用任意两位数与 11 相乘的速算方法轻松地运算：53 × 11=583。在这个例子中，花些时间确认一个数能够被 11 整除（关于数的整除，可参见第五章）还是值得的。

如果两位数不能分解，而三位数只能分解成一个两位数与一位数相乘的因数，这样的乘法题仍然可以很容易地解答出来：首先是两位数之间的乘法运算，然后是四位数与一位数的乘法运算。

```
 423(47×9)
×  83
```

$$83\times47\times9=3,901\times9=35,109$$

对于这道题，你必须能够看出 423 能够被 9 整除，从而使它变成 83×47×9。83×47 并不是很容易计算，不过，你可以把 83 看作是 80+3，然后再按照下面的方法计算：

```
              83(80+3)
         ×    47
80×47=     3,760
 3×47= +     141
           3,901
```

然后再计算四位数与一位数的运算，即 3901×9，得到最终的答案 35,109。

2. 加法方法

在进行三位数与两位数的乘法运算时，如果两个数不好分解成为因数，你可以借助加法方法：

```
               721(720+1)
         ×      37
720×37=     26,640(可以把 72 看作 9×8)
  1×37= +       37
            26,677
```

这个方法需要把一个两位数相乘的积的 10 倍同一个两位数与一位数的乘积相加。相对于分解法来说，这种方法的难度就比较大一些，因为在计算两位数与一位数乘法运算的同时，你需要记住一个五位数，然后再进行加法运算。事实上，在解答这道题时，把 721 分解成 103×7，然后计算 $37 \times 103 \times 7 = 3811 \times 7 = 26{,}677$，就更容易一些。

下面再举一例：

$$
\begin{array}{rrl}
 & 732 & (730+2) \\
 \times & 57 & \\
\hline
730\times57= & 41{,}610 & (73=70+3) \\
2\times57= + & 114 & \\
\hline
 & 41{,}724 &
\end{array}
$$

在采用加法方法的时候，你通常会把三位数分解开，不过有时分解两位数会更方便，特别是当两位数的最后一位数是 1 或者 2 的时候，例如：

$$
\begin{array}{rrl}
 & 386 & \\
 \times & 51 & (50+1) \\
\hline
50\times386= & 19{,}300 & \\
1\times386= + & 386 & \\
\hline
 & 19{,}686 &
\end{array}
$$

采用这种方法，我们把三位数与两位数之间的乘法变成了三位数与一位数之间的乘法运算，从而使运算变得特别容易，因为第二步乘法运算涉及了 1。另外，需要注意的是，末位是 5 的数与一个偶数相乘的运算也会相对简单一些，因为两数的乘积中会多出一个 0，这样这道题在做加法运算时就只有一个数位进位了。

下面是末位是 5 的数与偶数相乘的例子：

$$
\begin{array}{rr}
 & 835 \\
\times & 62(60+2) \\
\hline
60\times835= & 50,100 \\
2\times835= & +\ 1,670 \\
\hline
 & 51,770
\end{array}
$$

在做 60×835 的运算时，6×5 使答案中多出了一个 0，从而使后面的加法变得特别容易。

3. 减法方法

对于三位数与两位数之间的乘法运算，有时采用减法方法会使运算变得更加容易：

$$
\begin{array}{rr}
 & 758(760-2) \\
\times & 43 \\
\hline
760\times43= & 32,680(43=40+3) \\
-2\times43= & -\ 86 \\
\hline
 & 32,594
\end{array}
$$

你可以拿上面的减法方法与下面的加法方法进行对比：

$$
\begin{array}{rr}
 & 758(750+8) \\
\times & 43 \\
\hline
750\times43= & 32,250(75=5\times5\times3) \\
8\times43= & +\ 344 \\
\hline
 & 32,594
\end{array}
$$

对于这道题，我更喜欢采用减法方法，因为我总是把最容易的运算放在最后的加法或者减法运算上。在这个例子中，我更喜欢减去 86，而不愿加上 344，即使采用减法方法做两位数之间的乘法运算会比采用加法方法的难度更大一些。

对于不足 100 的整数、或者与 1000 接近的三位数，减法方法同样适用，下面就是两个这样的例子：

```
                293(300－7)
           ×     87
300×87=     26,100
 －7×87=－     609
            25,491
```

```
                 988(1000－12)
            ×     68
1,000×68=    68,000
 －12×68=－     816(12=6×2)
             67,184
```

在上面两个例子中，答案的最后三位数分别是通过求 609－100=509 和 816 的补足数而得到的。

下面是采用减法方法对两位数进行拆解的演示。需要注意的是，在减去 736 时，我采用的是减去 1000，然后再加上补足数的方法。

```
               736             44,160
         ×      59(60－1)    －  1,000
60×736=     44,160             43,160
－1×736=－     736           +    264 (736 的补足数)
            43,424             43,424
```

练习：采用分解法、加法方法或减法方法心算下列乘法

采用分解法、加法方法或减法方法计算下列各题。通常来说，如果可能，采用分解法计算会比较容易一些。在计算之后，你可参照附在本书后面的答案与方法。

1. 858×15
2. 796×19
3. 148×62
4. 773×42
5. 906×46
6. 952×26
7. 411×93
8. 967×51
9. 484×75
10. 126×87
11. 157×33
12. 616×37
13. 841×72
14. 361×41
15. 218×68
16. 538×53
17. 817×61
18. 668×63
19. 499×25
20. 144×56
21. 281×44
22. 988×22
23. 383×49

下列三位数与两位数的乘法练习题将会出现在下面即将讲到的五位数平方和五位数乘法运算当中：

24. $\begin{array}{r} 589 \\ \times\ 87 \\ \hline \end{array}$　25. $\begin{array}{r} 286 \\ \times\ 64 \\ \hline \end{array}$　26. $\begin{array}{r} 853 \\ \times\ 32 \\ \hline \end{array}$　27. $\begin{array}{r} 878 \\ \times\ 24 \\ \hline \end{array}$

28. $\begin{array}{r} 423 \\ \times\ 65 \\ \hline \end{array}$　29. $\begin{array}{r} 154 \\ \times\ 19 \\ \hline \end{array}$　30. $\begin{array}{r} 834 \\ \times\ 34 \\ \hline \end{array}$　31. $\begin{array}{r} 545 \\ \times\ 27 \\ \hline \end{array}$

32. $\begin{array}{r} 653 \\ \times\ 69 \\ \hline \end{array}$　33. $\begin{array}{r} 216 \\ \times\ 78 \\ \hline \end{array}$　34. $\begin{array}{r} 822 \\ \times\ 95 \\ \hline \end{array}$

三、五位数的平方运算

掌握三位数与两位数的乘法心算需要一个相当长的实践过程，需要更多的练习。不过，掌握了这些乘法的心算技巧之后，你就可以做五位数的平方运算了，因为五位数的平方运算可以简化成一个三位数与两位数的乘法运算以及一个两位数和一个三位数的平方运算。例如，在计算46,792的平方时，可以把它看作是：

$$\begin{array}{r} (46{,}000+792) \\ \times\quad (46{,}000+792) \\ \hline \end{array}$$

采用乘法分配律，这道题可被拆解成：

$$\underset{①}{46{,}000\times46{,}000}+\underset{②}{2\times46{,}000\times792}+\underset{③}{792\times792}$$

上面的算式可简化成：

$$46^2\times1{,}000{,}000+46\times792\times2{,}000+792^2$$

不过，我是不会按照这个顺序进行心算的。事实上，我更喜欢先从中间开始，因为相对于两位数和三位数的平方来说，三位数与两位数的乘法运算难度会更大一些。所以，根据先难后易的原则，我先计算 792×46×2，并将三个 0 添加在运算结果的后面，如下：

$$
\begin{array}{rr}
 & 792(800-8) \\
\times & 46 \\
\hline
800\times46= & 36{,}800 \\
-8\times46= & -\quad 368 \\
\hline
 & 36{,}432\times2{,}000=72{,}864{,}000
\end{array}
$$

"Fisher"

如上所示，先采用减法方法，计算 792×46=36,432；然后再计算 36,432×2=72,864。利用第八章学过的语音代码，我把 72,864 转换成 72 Fisher，以便于记忆。

接下来，计算 46^2×1,000,000=2,116,000,000。

在计算到这一步时，你就可以大声地说出："二十……"

然后，把 72 Fisher 中的 72,000,000 与 116,000,000 相加，结果是 188,000,000。在大声说出这个数之前，我还要看看 Fisher000 或者 864,000 与 792^2 相加之后是否要进位。在这个时候，你不需要确切地算出 792^2，而是要确定它的积与 864,000 的和是否进位。对此，你可以估算出 792^2 的结果，因为 800^2 等于 640,000，而它与 860,000 相加一定会向百万位进位的。所以，我可以肯定，792^2 与 864,000 相加的和一定会向百万位进位的。因此，你可以大声地说出第二部分答案："……一亿八千九百……"

接下来，在记住 Fisher 的同时，采用三位数平方的方法计算出 792^2 的结果 627,264。最后，把 627 与 Fisher 或者 864 相加，得出结果 1491。不过，由于我们已经向前进了一位，所以要把 1 去掉，然后说出答案的最后一部分“……四十九万一千二百六十四”。

有时，我会忘记答案的最后三位数，因为我需要把全部的注意力放在位数较多的数的运算上。所以，在做最后的加法运算时，我会把 264 当中的 2 用手指来表示，同时尽力记住 64。当然，我通常都能做到这一点，因为我们都有记住刚刚发生的事情的倾向。如果这个方法不奏效的话，我会通过计算原数最后两位数（92）平方的方法求出这两位数，因为这两位数（92）的平方（8,464）的最后两位数（64）就是原数平方的最后两位数（64）。（当然，你也可以将 264 转换成诸如 nature 这样的单词。）

我知道，这样说下来显得有些冗长拗口。我可以通过下面这个简单的算式表明我是怎么计算 $46{,}792^2$ 的：

$$
\begin{array}{rr}
 & 792\,(800-8) \\
 & \times \quad 46 \\
\hline
800\times 46= & 36{,}800 \\
-8\times 46= & -\quad 368 \qquad \text{“Fisher”} \\
\hline
 & 36{,}432\times 2{,}000=72{,}864{,}000
\end{array}
$$

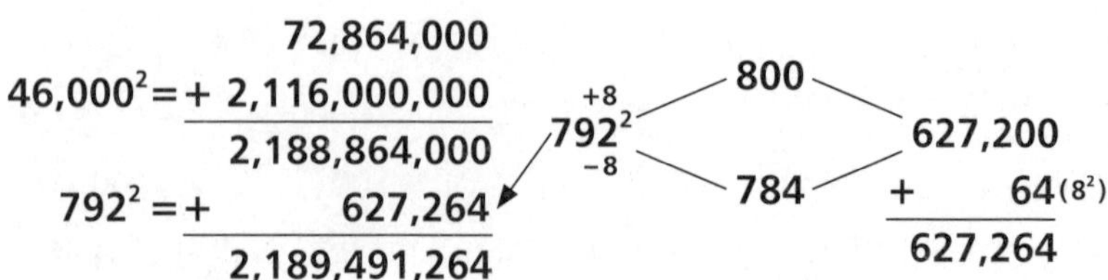

再举一个求五位数平方的例子：$83{,}522^2$。

同上面的例子一样，解答这道题的顺序是：$83\times 522\times 2000$；$83^2\times 1{,}000{,}000$；522^2。

对于 $83\times 522\times 2000$ 这道题，522 是 9 的倍数。事实上，

522=58×9，所以：

$$\begin{array}{r} 522(58\times9) \\ \times\ \ 83 \\ \hline \end{array}$$

$$83\times58\times9=4,814\times9=43,326$$

计算 43,326×2=86,652，然后把结果转换为 86 Julian 以便记忆。由于 83^2=6889，所以，在这个时候就可以大声说出答案是：“六十……”

计算 889+86=975。在说出 975,000,000 之前，要确定 Julian（652,000）与 522^2 相加之和是否需要进位。根据估算，522^2 约等于 270,000（500×540），所以，两数之和不需要进位。这时，你就可以接着说出答案的另一部分：“……九亿七千五百……”

最后，按照通常的方法计算出 522 的平方为 272,484，然后再与 Julian（652,000）相加，得出答案的最后一部分：“……九十二万四千四百八十四。”

整个运算过程如下面的算式所示：

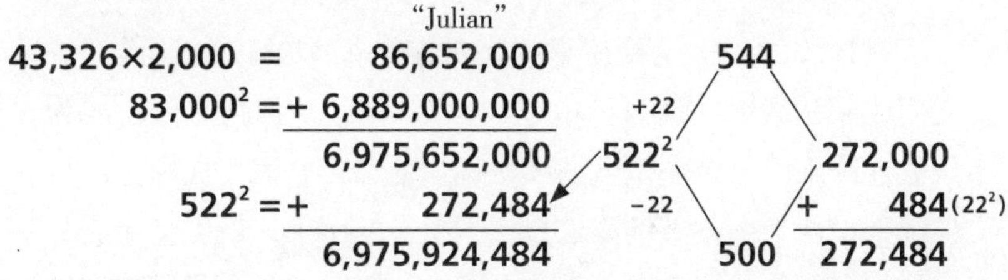

练习：五位数的平方

1. $45{,}795^2$　　2. $21{,}231^2$　　3. $58{,}324^2$

4. $62{,}457^2$　　5. $89{,}854^2$　　6. $76{,}934^2$

四、三位数之间的乘法运算

在解决五位数之间的乘法运算的过程中，三位数之间的乘法是非常关键的一步。同三位数与两位数的乘法运算一样，三位数之间的乘法运算有多种简化方法。

1. 分解法

遗憾的是，大多数的三位数都不能被分解成一位数因数。不过，如果能够分解的话，计算起来就方便多了。例如：

$$\begin{array}{r} 829 \\ \times\ 288\,(9\times8\times4) \\ \hline \end{array}$$

$$829\times9\times8\times4=7{,}461\times8\times4=59{,}688\times4=238{,}752$$

在计算时，一定要注意顺序。在简化 829 × 288 这道三位数之间的乘法题时，通过分解 288=9 × 8 × 4，从而把它简化成为三位数连续乘以三个一位数的乘法题。此后，它演变成一个四位数连续乘以两个一位数的乘法题（7461 × 8 × 4），最后又变成一个五位数与一位数的乘法题（59,688 × 4），从而得出最终的答案：238,752。这样计算的好处就在于，在运算过程中不需要进行加法运算，也不需要记住任何数字，只需要一步一步地计算就可以了。在做五位数与一位数的乘法运算时，距离得出最终答案也就只有一步之遥了。

五位数与一位数相乘可以通过两步来解决：把 59,688 看作是 59,000+688，然后把两位数与一位数相乘的积（59,000×4）与三位数与一位数相乘的积相加，如下列算式所示：

$$
\begin{array}{rr}
 & 59{,}688\,(59{,}000+688) \\
 & \times\quad 4 \\
\hline
59{,}000\times4= & 236{,}000 \\
688\times4= & +\quad 2{,}752 \\
\hline
 & 238{,}752
\end{array}
$$

如果两个三位数都能够分解成两位数与一位数的乘法，三位数相乘的乘法题就可以简化成为一个两位数与一个两位数、两个一位数连乘的乘法题了。如：

$$
\begin{array}{r}
513\,(57\times9) \\
\times\ 246\,(41\times6) \\
\hline
\end{array}
$$

$$
\begin{aligned}
57\times41\times9\times6 &= 2{,}337\times9\times6 \\
&= 21{,}033\times6 \\
&= 126{,}198
\end{aligned}
$$

根据先难后易的原则，对这个例子，应当先计算最难的那部分，即两位数之间的乘法运算。此后，这道题就变成了四位数与一位数的乘法题，最后变成五位数与一位数的乘法题。

在大多数情况下，两个三位数当中只有一个是可以分解的。在这种情况下，三位数相乘的乘法题就会简化为一个三位数与两位数、一位数相乘的乘法题。例如：

$$\begin{array}{r} 459(51\times9) \\ \times\ 526 \\ \hline \end{array}$$

$$\begin{aligned} 526\times459 &= 526\times51\times9 \\ &= 526\times(50+1)\times9 \\ &= 26{,}826\times9 \\ &= 241{,}434 \end{aligned}$$

下面这道三位数相乘的乘法题实质上是一道掩盖起来的三位数与两位数的乘法题：

$$\begin{array}{r} 624 \\ \times\ 435 \\ \hline \end{array}$$

用 2 乘 435，然后再用 2 除 624，这样在乘积不变的情况下，原来的 624 × 435 就变成了相对简单的 312 × 870：

$$\begin{array}{l} \ \ 312(52\times6) \\ \times\ 870(87\times10) \end{array}$$

$$\begin{aligned} 87\times52\times6\times10 &= 87\times(50+2)\times6\times10 \\ &= 4{,}524\times6\times10 \\ &= 27{,}144\times10 \\ &= 271{,}440 \end{aligned}$$

2. 接近法

是不是有更简单的方法呢？下面这个字母公式是将乘法运算进行简化的依据：

$$(z+a)(z+b)=z^2+za+zb+ab$$

而这个字母公式还可以写成：

$$(z+a)(z+b)=z(z+a+b)+ab$$

无论 z、a 和 b 的值是什么，这个公式都是适用的。在进行三位数的乘法运算时，我们可以充分利用这一点，找到一个数(z)，这个数既要足够简单（一个带有一个或者多个 0 的数），又要与相乘的两个数相差不多。例如，计算：

$$\begin{array}{r} 107 \\ \times\ 111 \\ \hline \end{array}$$

在进行计算时，把它看作是（100+7）×（100+11）。在这里，z=100，a=7，b=11，套用公式就是：

$$\begin{aligned} 100\times(100+7+11)+7\times11 &= 100\times118+77 \\ &= 11{,}877 \end{aligned}$$

这道题的具体运算过程如下：

$$\begin{array}{rr} & 107(7) \\ & \times \quad 111(11) \\ \hline 100\times118= & 11{,}800 \\ 7\times11= & +\quad 77 \\ \hline & 11{,}877 \end{array}$$

在这个算式中，圆括号内的数字是相乘的数与简便的“基数”（z）的差（在这个例子中，z=100）。118 这个数是这样得到的：107+11 或者 111+7。从代数学的角度讲，无论怎么运算，最后的结果始终是相等的，因为 (z+a)+b=(z+b)+a。

再举另外一个例子：

$$
\begin{array}{rr}
 & 109(9) \\
 & \times \quad 104(4) \\
\hline
100\times113= & 11{,}300 \\
9\times4= & +\quad 36 \\
\hline
 & 11{,}336
\end{array}
$$

干净利落，是不是？

基数 z 大一点，是不是同样简便呢？例如：

$$
\begin{array}{rr}
 & 408(8) \\
 & \times \quad 409(9) \\
\hline
400\times417= & 166{,}800 \\
9\times8= & +\quad 72 \\
\hline
 & 166{,}872
\end{array}
$$

这个方法通常用于三位数相乘的运算当中。不过，它也同样适用于两位数相乘的乘法运算：

$$
\begin{array}{rr}
 & 78(8) \\
 & \times \quad 73(3) \\
\hline
70\times81= & 5{,}670 \\
8\times3= & +\quad 24 \\
\hline
 & 5{,}694
\end{array}
$$

在这个例子中，基数是 70，而它是与 81（即 78+3）相乘。采用这种方法，最后进行的加法运算也非常简单。

这个方法同样适用于相乘的两个数小于基数的乘法运算。例如：

$$
\begin{array}{rr}
 & 396(-4) \\
\times & 387(-13) \\
\hline
400\times 383= & 153{,}200 \\
-4\times(-13)=+ & 52 \\
\hline
 & 153{,}252
\end{array}
$$

383 是这样得来的：396－13 或者 387－4。这个方法同样适用类似于下面两位数相乘的乘法题：

$$
\begin{array}{rr}
 & 97(-3) \\
\times & 94(-6) \\
\hline
100\times 91= & 9{,}100 \\
-3\times(-6)=+ & 18 \\
\hline
 & 9{,}118
\end{array}
$$

$$
\begin{array}{rr}
 & 79(-1) \\
\times & 78(-2) \\
\hline
80\times 77= & 6{,}160 \\
-1\times(-2)=+ & 2 \\
\hline
 & 6{,}162
\end{array}
$$

在下面的这个例子中，基数介于相乘的两个数之间：

$$
\begin{array}{rr}
 & 396(-4) \\
\times & 413(+13) \\
\hline
400\times 409= & 163{,}600 \\
-4\times 13=- & 52 \\
\hline
 & 163{,}548
\end{array}
$$

在这个例子中，409=396+13 或者 409=413－4。需要注意的是，－4×13 的结果是负数，所以要减去 52。

在下面这个例子中，第二个乘法运算是两位数之间的乘法运算：

$$
\begin{array}{rrl}
 & 621 & (21) \\
 \times & 637 & (37) \\
\hline
600\times658= & 394,800 & \\
21\times37= + & 777 & (37\times7\times3) \\
\hline
 & 395,577 &
\end{array}
$$

再看下面这个例子：

$$
\begin{array}{rrl}
 & 876 & (-24) \\
 \times & 853 & (-47) \\
\hline
900\times829= & 746,100 & \\
-24\times(-47)= + & 1,128 & (47\times6\times4) \\
\hline
 & 747,228 &
\end{array}
$$

注意：在上面所有的例子中，第一步相乘的两数之和等于原数的和。例如，在上面的这个例子中，900+829=1729，而原数876+853=1729，这是因为：

$$z+[(z+a)+b]=(z+a)+(z+b)$$

所以，要求出与 900 相乘的数（这个数一定是 800 多），只需根据最后两位数 76+53=129 就能得出 829 这个数。

在下面的这个例子中，计算 827+761=1588 就知道第一步相乘的两个数是 800×788，然后再减去 27×39 就得出了答案：

$$
\begin{array}{rrl}
 & 827 & (+27) \\
 \times & 761 & (-39) \\
\hline
800\times788= & 630,400 & \\
27\times(-39)= - & 1,053 & (-39\times9\times3) \\
\hline
 & 629,347 &
\end{array}
$$

接近法是一种行之有效的好方法。在做三位数相乘的乘法运算时，如果相乘的两个数不是那么接近，我们可以用某个数去除其中的一个数，然后再去乘另一个数，从而使其接近（而保持乘积不变）。例如：672×157。

$$
\begin{array}{rcr}
672 & \div 2 = & 336(36) \\
\underline{\times 157} & \times 2 = & \underline{\times\ 314}(14)
\end{array}
$$

$$
\begin{array}{rr}
300\times 350 = & 105{,}000 \\
36\times 14 = & \underline{+\quad 504}(36\times 7\times 2) \\
 & 105{,}504
\end{array}
$$

如果相乘的两个数相同（这是再接近不过的两个数了），接近法的运算过程同传统的平方运算过程是完全相同的：

$$
\begin{array}{rr}
 & 347(47) \\
 & \underline{\times\quad 347}(47) \\
300\times 394 = & 118{,}200 \\
47^2 = & \underline{+\quad 2{,}209} \\
 & 120{,}409
\end{array}
$$

3. 加法方法

在做三位数相乘的乘法运算时，如果前面介绍的方法都不能使用，我们还可以采用加法方法，特别是在一个三位数的前两位数分解方便的情况下更是如此。

例如，在下面的这个例子中，641 中的 64 是可以分解成为 8×8 的，这道题也就可以采用下面的方法解答：

$$
\begin{array}{rrl}
 & 373 & \\
 \times & 641 & (640+1) \\
\hline
640\times373= & 238{,}720 & (373\times8\times8\times10) \\
1\times373=+ & 373 & \\
\hline
 & 239{,}093 &
\end{array}
$$

在下面这道题中，因为 427 中的 42 可以分解成 7×6，所以可以采用加法方法解答这道题：

$$
\begin{array}{rrl}
 & 656 & \\
 \times & 427 & (420+7) \\
\hline
420\times656= & 275{,}520 & (656\times7\times6\times10) \\
7\times656=+ & 4{,}592 & \\
\hline
 & 280{,}112 &
\end{array}
$$

在通常情况下，我们要把最后的加法运算分两步进行，如：

$$
\begin{array}{rr}
 & 275{,}520 \\
7\times600=+ & 4{,}200 \\
\hline
 & 279{,}720 \\
7\times56=+ & 392 \\
\hline
 & 280{,}112
\end{array}
$$

由于加法运算比较辛苦，所以，在进行最后一步的运算时，我往往会另辟蹊径，从而使这一步的运算简化。例如，在上面这个例子中，我采用的是分解法。事实上，下面这种做法也许会更简便：

$$
\begin{array}{rl}
656 & \\
\times\ 427 & (61\times7) \\
\hline
\end{array}
$$

$$656\times61\times7=656\times(60+1)\times7$$

$$= 40{,}016 \times 7$$
$$= 280{,}112$$

加法方法最适合用于其中一个数的十位数为 0 的三位数相乘的乘法题，例如：

$$\begin{array}{rr}
 & 732 \\
 \times & 308(300+8) \\
\hline
300\times732= & 219{,}600 \\
8\times732= + & 5{,}856 \\
\hline
 & 225{,}456
\end{array}$$

采用加法方法做这类三位数乘法运算是不是很简单呢？所以，在做三位数乘三位数的乘法运算之前，把其中的一个数转变成十位数为 0 的数是值得的。例如，732 × 308 是可以通过以下“非 0”数字转换过来的：

$$\begin{array}{rr}
244 \times 3 = & 732 \\
\times\ 924 \div 3 = & \times\ 308 \\
\hline
\end{array}
\quad \text{或者} \quad
\begin{array}{rr}
366 \times 2 = & 732 \\
\times\ 616 \div 2 = & \times\ 308 \\
\hline
\end{array}$$

对于上面这道题，我们还可以这样计算：308 × 366 × 2，这样就可以对 308 和 366 采用接近法计算。关于加法方法，我们再举一例：

$$\begin{array}{rr}
 & 739 \\
 \times & 443(440+3) \\
\hline
440\times739= & 325{,}160(739\times11\times4\times10) \\
3\times700= + & 2{,}100 \\
\hline
 & 327{,}260 \\
3\times39= + & 117 \\
\hline
 & 327{,}377
\end{array}$$

4. 减法方法

有时，相乘的两个数中的一个加上一个很小的数就会变成个位数为 0 的数。这种乘法题就可以采用减法方法解答，例如：

```
                 719(720－1)
              ×      247
720×247=         177,840(247×9×8×10)
 －1×247=   －       247
                 177,593
```

下面是另外一个例子：

```
                 538(540－2)
              ×      346
540×346=         186,840(346×6×9×10)
 －2×346=   －       692
                 186,148
```

5. 万能法

所谓的“万能法”，就是在其他方法都无法奏效的情况下采用的一种方法，也是一种简单的方法。

采用万能法，三位数之间的乘法运算会被拆解成三个部分的运算：三位数与一位数、两位数与一位数以及两位数之间的乘法运算，而求和与每一个乘法运算同时进行。这些运算难度比较大，在不能看到原题的情况下更是如此（有时原题没有写在纸上或者黑板上）。因此在表演三位数之间和五位数之间的乘法运算时，我通常会把原题写下来，然后在头脑中进行所有的运算。

下面举一个采用万能法进行心算的例子：

$$
\begin{array}{rr}
 & 851 \\
 & \times \quad 527 \\
\hline
500\times851= & 425,500 \\
27\times800= & +\quad 21,600 \\
\hline
 & 447,100 \\
27\times51= & +\quad 1,377 \\
\hline
 & 448,477
\end{array}
$$

在实践中，运算过程如下面的算式所示。有时，可以采用语音代码记忆法记住千位数以上三位数字（例如：447=our rug），并用手指记住百位数（1）：

$$
\begin{array}{rrrr}
 & 851 & & \\
 & \times \quad 527 & & \\
\cline{2-2}
5\times851= & 4,255 & & \\
8\times27= & +\quad 216 & & \text{“Our rug”} \\
\cline{2-2}
 & 4,471 & \times100= & 447,100 \\
 & & 27\times51= & +\quad 1,377 \\
\cline{4-4}
 & & & 448,477
\end{array}
$$

再举一个例子，不过，在这个例子中，分解的是第一个数。一般来说，最好是分解较大的那个数，因为这样可以使加法运算容易一些。

$$
\begin{array}{rrrr}
 & 923 & & \\
 & \times \quad 673 & & \\
\cline{2-2}
9\times673= & 6,057 & & \\
6\times23= & +\quad 138 & & \text{“Shut up”} \\
\cline{2-2}
 & 6,195 & \times100= & 619,500 \\
 & & 73\times23= & +\quad 1,679 \\
\cline{4-4}
 & & & 621,179
\end{array}
$$

练习：三位数相乘

1. 644×286	2. 596×167	3. 853×325	4. 343×226
5. 809×527	6. 942×879	7. 692×644	8. 446×176
9. 658×468	10. 273×138	11. 824×206	12. 642×249
13. 783×589	14. 871×926	15. 341×715	16. 417×298
17. 557×756	18. 976×878	19. 765×350	

下面这些乘法练习题将会出现在下一节即将要讲的五位数相乘的乘法运算中：

20. 154×423	21. 545×834	22. 216×653	23. 393×822

五、五位数相乘的乘法运算

下面将要讲的心算题是关于两个五位数之间的乘法。在做五位数之间的乘法运算之前，就必须学会心算两位数之间、三位数之间以及两位数与三位数的乘法题，并要学会使用语音代码记忆法。最后，只要把每一次运算的乘积加在一起就可以了。同五位数平方的心算一样，在做五位数之间的乘法运算时，首先根据乘法分配律将各个数拆开，然后再分别运算。例如：

$$\begin{array}{r} 27{,}639(27{,}000+639) \\ \times\ \ 52{,}196(52{,}000+196) \\ \hline \end{array}$$

根据上面算式的拆解，这样一道五位数之间的乘法题就变成了四道比较容易的乘法题，它们分别是：一道两位数之间、两道三位数与两位数和一道三位数相乘的乘法题，其运算过程如下：

$$\begin{array}{l} (27\times52)\ \text{百万} \\ +[(27\times196)+(52\times639)]\ \text{千} \\ +(639\times196) \end{array}$$

同五位数平方的心算一样，按照先难后易的原则，先做三位数与两位数之间的乘法运算：

“Mom, no knife”

① $52\times639=52\times71\times9=3{,}692\times9=33{,}228$

采用语音代码记忆法，将 33,228 转换成词汇 Mom, no knife，然后做第二道三位数与两位数相乘的乘法题：

② $27\times196=27\times(200-4)=5400-108=5292$

并将这个结果与记忆的数字相加：

③

$$\begin{array}{r} 33{,}228 \\ +\quad 5{,}292 \\ \hline 38{,}520 \end{array}$$

（“Mom, no knife”）

把这个新的数转换成新的词汇记忆：

"Movie lines"（38,520,000）

记住 Movie lines 后，计算两位数相乘的乘法题：

④ 52×27=52×9×3=1404

在运算到这一步的时候，我们可以给出一部分答案了。因为 52×27 乘积的单位是百万，所以 1404 个百万就是 14 亿零 4 百万。因为 404 百万不会导致进位，所以我们可以大声说出答案的第一部分："十……"

⑤ 404+"Movie"（38）=442

在计算 404+"Movie"（38）=442 之后，我们可以给出另一部分答案"……四亿四千二百……"。我们可以这么说，是因为 442 是不会进位的——我们已经估算出三位数之间相乘的积不会使 442 向高位进位，因为这个乘积（639×196）不超过 140,000（因为 700×200=140,000），而 lines 代表的数是 520,000。所以说，我们是可以这么估算的。

⑥ 639×196 = 639×7×7×4=4,473×7×4
= 31,311×4
= 125,244

在记住 lines 的同时，采用分解法计算三位数相乘的乘法题，得到乘积 125,244。在这里，可以将最后三位数 244 转换成 nearer 之类的单词。最后，只需要做简单的加法运算就可以了：

⑦ 125,244+"lines"（520,000）

做了加法运算之后，就可以说出答案的最后一部分了："……六十四万五千二百四十四。"说了这么多，也许你还是理不出个头绪来，不过下面这个算式会让你一目了然的：

```
  27,639
× 52,196
                "Mom, no knife"
639×52=       33,228
196×27=  +     5,292                       "Movie lines"
              38,520×1,000=            38,520,000
              52×27×1 百万= +       1,404,000,000
                                    1,442,520,000
                 639×196= +               125,244
                                    1,442,645,244
```

需要说明的是，在进行五位数之间的乘法心算时，最好把原题写在黑板或者纸上。如果不能做到这一点，就要利用记忆术把原题的两个五位数记住。例如，对于上面那个例子，可以这样记住这两个五位数：

```
  27,639 —— "Neck jump"
× 52,196 —— "Lion dopish"
```

然后就可以运算：lion × jump、dopish × neck、lion × neck 以及 dopish × jump。显然，这样做可能会使运算的速度变慢。不过，如果想要挑战自我，做到不看数字就能心算出结果，就要面对并解决这个问题。

再举一个五位数相乘的例子：

```
  79,838
× 45,547
```

对于这道题，解答的步骤同上一道题一样：首先从难度较大的三位数与两位数相乘的乘法题开始，并采用记忆法记住部分结果：

① **547×79=547×(80－1)= 43,760－547**
= 43,213 —— "Rome anatomy"

然后计算另外一道三位数与两位数的乘法题：

② **838×45=838×5×9=4,190×9=37,710**

将两个乘积加在一起，并记住新的结果：

③ **43,213** —— "Rome anatomy"
+ 37,710
80,923 —— "Face Panama"

④ **79×45=79×9×5=711×5=3555**

这个两位数的乘法运算得出了最终答案的第一位数，所以我们可以自信地说出答案的第一部分："三十……"

⑤ **555+"Face"(80)=635**

答案的百万位数需要进位，即：从 635 进位到 636，因为"Panama"（923 千）只需要 77 千就能向百万位进 1 了，而三位数相乘（838 × 547）的乘积显然超过了这个数。所以这时我们可以说出答案的第二部分："……六亿三千六百……"

三位数相乘的运算采用加法方法：

```
⑥                    838
              ×      547(540+7)
   540×838=       452,520(838×9×6×10)
     7×800=  +      5,600
                  458,120
     7×38 =  +        266
                  458,386
```

接下来，把这个结果与 Panama（923,000）相加：

```
⑦     923,000
    + 458,386
    1,381,386
```

因为我们已经向百万位进了 1，所以要把 1 去掉，接下来就可以说出答案的最后一部分：“……三十八万一千三百八十六。”

这道题的运算过程如下列算式所示：

```
    79,838
  × 45,547
             "Rome anatomy"
 547×79=     43,213
 838×45=+    37,710                       "Face Panama"
             80,923×1,000  =              80,923,000
             79×45×1 百万  =+          3,555,000,000
                                       3,635,923,000
                     838×547=+               458,386
                                       3,636,381,386
```

练习：五位数相乘

1. $65{,}154 \times 19{,}423$

2. $34{,}545 \times 27{,}834$

3. $69{,}216 \times 78{,}653$

4. $95{,}393 \times 81{,}822$

第十章

其乐无穷：神奇的魔法数学

数字游戏给我的生活带来了巨大的乐趣，因为我发现，同魔术一样，算术同样能够给人们的生活增添快乐。不过，想要了解算术魔术的秘密，就需要通晓代数学。当然，学习代数学还有许多其他原因（包括解决现实生活中的问题、计算机编程、掌握更高等的数学等）。不过，我对代数学感兴趣的主要原因却是想要知道一些数学魔术的秘密。现在，我就将这些秘密告诉你！

一、通灵数学

对任意一位观众说："在心里想出一个数，任何一个数。"你还要说："不过，为了你自己计算方便，最好还是想出一个一位数或者两位数。"在提醒过这位观众你无论如何也不会知道他所想的数字之后，请他：

① 用 2 乘这个数；

② 再加上 12；

③ 用 2 去除所得的总数；

④ 然后再减去原数。

然后你问他说："现在的这个数是不是 6？"你自己不妨练习练习，然后你就会发现，无论原来选择的那个数是几，其结果都是 6。

1. 通灵数学魔术的秘密

这个数学魔术的依据只是一个简单的代数问题。事实上，我偶尔会采用这种方式向学生们讲解代数学。在这里，我们首先假设观众心里想出来的那个秘密数字为 x，然后按照要求计算：

① $2x$（乘以 2）；

② $2x+12$（然后加上 12）；

③ $(2x+12)\div 2=x+6$（然后再除以2）；

④ $x+6-x=6$（然后再减去原数）。

因此，无论人们选择一个什么样的数，最终的结果都会是 6。如果想要重复这个魔术，你可以让观众在第②步加上一个不同的数（例如 18），最终的结果将会是所加之数的一半（即 9）。

二、魔法数字 1089

这是一个流传了数个世纪的魔法数字。请观众取出纸和笔，然后：

① 私底下写出一个各位数从大到小排列（顺序为从高位到低位）的三位数，例如 851 或者 973；

② 将各位数颠倒过来，用原数减去这个颠倒过来的数；

③ 将得到的这个数与其颠倒过来的数相加。

按照上面说的去做，无论观众选择的原数是多少，1089 最终都会像变魔术似的出现。例如：

$$
\begin{array}{r}
851 \\
-\quad 158 \\
\hline
693 \\
+\quad 396 \\
\hline
1{,}089
\end{array}
$$

1. 魔法数字 1089 的秘密

在这个数字游戏中，无论人们选择哪个数，最终的结果始终会是 1089。这是为什么呢？假设这个 3 位数为 abc, 在代数学上，这个三位数就可以这样表示：

$$100a+10b+c$$

当你把这个数颠倒过来时，这个颠倒的数就是 cba，用代数表示就是：

$$100c+10b+a$$

然后再用原数 abc 减去这个数 cba，用代数表示就是：

$$
\begin{aligned}
&100a+10b+c-(100c+10b+a)\\
&=100(a-c)+(c-a)\\
&=99(a-c)
\end{aligned}
$$

因此，在完成第二步的减法运算之后，我们得到的结果一定是下列 99 倍数中的一个：198、297、396、495、594、693、792 或者 891。对于这 8 个数，任何一个数与它自身颠倒过来的数相加的和都等于 1089。

三、缺失数字的秘密

利用上一个数学魔术中的魔法数字 1089，我们还能玩一个新的数学魔术。给观众一个计算器，请他用任何一个三位数与 1089 相乘。当然，不要让他告诉你这个三位数是什么（例如，他可以在私底下计算 1089×256=278,784）。然后问他答案是几位数，他当然会回答说“六位数”。

接下来，你告诉他说：“请随意说出这个六位数当中的 5 个数字，我将会给出那个缺失的数字。”

假如他说出的 5 个数字是“2、4、7、8、8”，你就会正确地告诉他，那个缺失的数字是 7。

缺失数字的秘密就在于这样一个事实：任何一个数，只要它与 9 的倍数相乘，它们的乘积就是 9 的倍数，而且乘积的各位数字之和也是 9 的倍数。因为 1+0+8+9=18 是 9 的倍数，所以 1089 就是 9 的倍数。因此，任何数的 1089 倍同样是 9 的倍数。因为观众说出的各个数字之和是 2+4+7+8+8=29，而比 29 大的下一个 9 的倍数是 36，所以观众没有说出的数字就是 7，因为 36−29=7。

有许多种方法能够让观众得出的结果是 9 的倍数，下面所列的是我最喜欢采用的方法：

方法一：请观众随意选择一个六位数，然后打乱各个数字的顺序，并用较大的六位数减去较小的六位数。在这个减法运算当中，两个数的模总和是相等的，所以两数的差的模总和一定会是0，并且它一定是9的倍数。然后再按照上面的步骤，找出缺失的数字。

方法二：请观众私底下随意选择一个四位数，颠倒这个四位数，然后用较大的四位数减去较小的四位数（这样得出的结果一定是9的倍数）。然后再拿这个数与任何一个三位数相乘，并依照上面的步骤，找出缺失的数字。

方法三：请观众用任意一位数相乘，直到乘积是七位数，然后再依照上面的步骤，找出缺失的数字。这个方法并不能完全“保证”最后的乘积是9的倍数。不过，在实践中，这个方法的成功率为90%，因为相乘的一位数含有1个9、2个3或者6，或者1个3和1个6的概率还是相当高的。在精通数学的观众面前，我往往采用这个方法，因为他们可能会看出其他方法的秘密。

在这里，有一个需要注意的问题，那就是：观众说出的数的和可能是9的倍数（例如18）。在这种情况下，你无法确定缺失的数字是0或者9。有没有补救的办法？有，很简单，那就是玩花招！你只要对观众说：“你不会把0给留下了吧，是不是？”如果缺失的数字是0，你就成功了！如果缺失的数字不是0，你就说：“哦，看来这个缺失的数字不是0了！缺失的数字不是1、2、3或者4，是不是？”他要么会摇头，要么会说“不”。然后，你接着说：“那么，缺失的数字也不会是5、6、7、或者8了。这样的话，缺失的数字就是9了，是不是？”他会做出肯定的回答的，而你也赢得了观众们热烈的掌声！

四、神奇的跳蛙加法

这个魔术结合了一个快速心算和一个令人意想不到的预测。把一张卡片交给一位观众，卡片上有10条线，每条线前面有从1至10的标号。让观众从1到20这20个数字之间想出两个数，分别把它们写在第1条线和第2条线上；接下来，请观众在第3

条线上记下前 2 条线上的数字之和，然后再在第 4 条线上记下第 2 条和第 3 条线上的数字之和，以此类推，直到第 10 条线上记下第 8 条和第 9 条线上的数字之和。具体情况如下图所示：

1	9
2	2
3	11
4	13
5	24
6	37
7	61
8	98
9	159
10	257

最后，请观众把卡片展示给你。扫一眼之后，你就可以告诉他卡片上所有数字的总和。例如，在我们的这个例子中，你马上就可以说出这个数就是 671，甚至比观众用计算器计算还要快！在这个时候，你可以乘胜追击，把一台计算器交给观众，请他用第 10 条线上的数字除以第 9 条线上的数字。在例子中，这两个数的商是 257/159=1.616…。请观众说出这个商数的前三位数，然后再把卡片转过来（在卡片上，你已经写下了你预测的数）。他会吃惊地发现你已经把 1.61 写在了卡片上！

1. 神奇跳蛙加法的秘密

要快速求出卡片上 10 个数字的和，你只需用 11 乘第 7 条线上的数字。在这个例子中，就是 61×11=671。这是为什么呢？利用代数，你就能得出这个结果：假设第 1 条线和第 2 条线上的数字分别是 x 和 y，那么如下图所示，卡片上 10 个数字之和一定是 55x+88y，即：11（5x+8y），也就是第 7 条线上的数字的 11 倍。

1	x
2	y
3	x+y
4	x+2y
5	2x+3y
6	3x+5y
7	5x+8y
8	8x+13y
9	13x+21y
10	21x+34y
总数	55x+88y

至于对最后两个数的商数的预测，则是基于这样一个事实：任何正数 a、b、c、d，如果 $a/b < c/d$，那么，$(a+c) / (b+d)$ 就大于 a/b，但却小于 c/d，即：

$$\frac{a}{b} < \frac{a+c}{b+d} < \frac{c}{d}$$

因此，第 10 条线上的数除以第 9 条线上的数的商 $(21x+34y) / (13x+21y)$ 就一定介于：

$$1.615\cdots = \frac{21x}{13x} < \frac{21x+34y}{13x+21y} < \frac{34y}{21y} = 1.619\cdots$$

所以，商数的前三位数一定是 1.61，正如预测的那样。

事实上，如果你继续无限地把跳蛙过程展开下去，这个商数前后两个数就会更加接近下面这个数：

$$\frac{1+\sqrt{5}}{2} \approx 1.6180339887\cdots$$

而这个数拥有许多特性，它就是众所周知的黄金比率。

五、数字魔方

你也许听说过数字魔方。不错，数字魔方最早可追溯到中国古代，而关于数字魔方的介绍方式也各不相同。在这里，我将以一种娱乐的方式向你介绍这个古老的游戏，因为这是我多年以来保持的一个习惯。

我取出一张商务名片，在这张名片的背面是：

8	11	14	1
13	2	7	12
3	16	9	6
10	5	4	15

= 34

||
34

我说："这是一个数字魔方。事实上，这是根据 1 至 16 这 16 个数创造的一个最小的数字魔方。你们会发现，任何一列和任何一行的 4 个数字之和都等于 34。我对数字魔方有着广泛的研究，我甚至可以让你们亲眼看着我来创造一个数字魔方！"

然后，我请观众给出任意一个大于 34 的数。在这里，我就假设她给出的这个数是 67。

然后，我掏出另外一张名片，画一个 4 行 4 列的空白表格，并把67放在这个表格的右边。接下来，我请她为我指出任意空格，我往里面填写数字。每当她指出一个空格，我马上就在里面填写一个数字。最终的结果如下列表格：

16	19	23	9
22	10	15	20
11	25	17	14
18	13	12	24

= 67

=
67

我接着说："对于第一个数字魔方，它的每一行和每一列的数字之和都等于34（通常情况下，我会把写有和等于34的数字魔方的卡片放在一边）。现在，我们看看在你的指导下创造的这个数字魔方吧。"在确认每一行和每一列的数字之和都等于67之后，我接着说，"不过，我不会到此就结束。我决定为你再向前进一步。请注意，数字魔方两条对角线上的数字之和也都等于67！"然后，我指出，魔方左上角四个方格内的数字之和等于67（16+19+22+10=67），而右上角、左下角、右下角、中间以及四角四个方格内的数字之和也都等于67。不过，不要我说什么就是什么。你可以把这个数字魔方作为纪念品保留下来，并且对我说的加以验证！"

1. 如何创造数字魔方

怎么样，你自己是不是想要创造一个数字魔方？事实上，利用原来那个和等于34的数字魔方（以下简称为"数字魔方

34”），你可以创造数字之和等于任何数的数字魔方。在创造数字魔方的时候，你要把原来的那个魔方放在视力范围之内。在画四方表格的同时，你就可以进行下面第一步和第二步的心算了：

第一步：用给出的数减去 34（例如：67－34＝33）；

第二步：用 4 去除这个数（例如：33÷4＝8……1）；

这个商是第一个“魔术”数字，而“商＋余数”是第二个“魔术”数字。对于上面的这个例子，魔术数字是 8 和 9。

第三步：当观众指出一个方格时，随意看一下数字魔方 34，看一看对应位置方格里面的数。如果这个数是 13、14、15 或者 16，那就加第二个魔术数字（例子中的 9）；如果不是，那就加第一个魔术数字（例子中的 8）。

第四步：在方格内填写相对应的数字，直到方格全部填满为止。

注意：如果观众给出的数是偶数，但不是 4 的倍数，那么，第一个和第二个魔术数字都是一样的。所以，你就只有一个魔术数字与数字魔方 34 的数相加了。

2. 数字魔方的秘密

数字魔方依据的事实是：它的每一行、每一列、每个对角线……的数字都源自于原来展示的数字魔方 34。假设观众给出的数是 82，因为 82－34＝48，而 48÷4＝12，所以只需要给数字魔方 34 的每一个数加上 12 就可以了。这样的话，每组数字的和都会等于 34＋48＝82 的。

详情可参见下面的这个数字魔方：

20	23	26	13
25	14	19	24
15	28	21	18
22	17	16	27

= 82

=
82

另外，如果观众给出的数是 85，那么，魔术数字就是 12 和 15 了。这样的话，就给数字魔方 34 当中 13、14、15 和 16 对应的方格多加 3。因为魔方的每一行、每一列、每四组数都含有这几个数当中的一个，所以，每一组数的和都会等于 34+48+3=85 的。如下面的表格所示：

20	23	29	13
28	14	19	24
15	31	21	18
22	17	16	30

= 85

=
85

作为一个有趣的小插曲，我在这里指出著名的 3×3 数字魔方的另外一个神奇特性：

4	9	2
3	5	7
8	1	6

= 15

||
15

在这个数字魔方中，不仅每行、每列、每条对角斜线上的数字之和都等于 15，而且如果你把这个数字魔方中每一行、每一列的数字看作是三位数的话，那么你就可以用计算器来验证下面这两个等式：4922+3572+8162=2942+7532+6182；4382+9512+2762=8342+1592+6722。如果你对为什么这个魔方有这种特性感兴趣，这说明你可能想要研究我的论文《真正的数字“魔方”》了。

六、立方根快速心算

请观众给出一个两位数，并且在心里记住这个数。然后，请他用计算器对这个两位数进行立方计算，也就是用这个数与它本身相乘 2 次。假如这个秘密数字是 68，那么，它的立方就是 68×68×68=314,432。然后，请观众把答案告诉你。他一说出这个立方数，你马上就能说出这个立方数的立方根，也就是他原来想出的那个数 68。那么，你怎样才能做到这一点呢？

要求一个数的立方根，你就需要记住从 1 至 10 这 10 个数的立方：

$$1^3 = 1$$

$$2^3 = 8$$

$$3^3 = 27$$

$$4^3 = 64$$

$$5^3 = 125$$

$$6^3 = 216$$

$$7^3 = 343$$

$$8^3 = 512$$

$$9^3 = 729$$

$$10^3 = 1000$$

一旦记住了这些，计算一个数的立方根就像计算 1+1=2 那样容易。就拿上面的例子说明这个问题吧：

314,432 的立方根是多少？

不知道该从何处着手，是吗？不要惊慌，事实上这是一道相当简单的运算题。要求出这个数的立方根，请按照下面的步骤进行：

第一步：观察百万位与百位之间的数，也就是例子中的 314；

第二步：因为 314 介于 $6^3=216$ 与 $7^3=343$ 之间，所以这个数的立方根介于 60 和 70 之间，或者说它的十位数是 6；

第三步：这一步旨在求出立方根的最后一位数。注意，只有 8 的立方的最末一位数是 2($8^3=512$)，所以这个数的最后一位数是 8。

所以，314,432 的立方根是 68。只要做三步简单的判断，你就能够求出正确的答案。（事实上，立方根的最后一位数就等于立方数最后一位数的立方的最后一位数！例如，这个例子中，立方根最后一位数 8 就等于立方数 314,432 最后一位数 2 的立方的最后一位数 8。）

下面再举一个例子：

19,683 的立方根是多少？

第一步：19 介于 8（$2^3=8$）和 27（$3^3=27$）之间；

第二步：所以，这个数的立方根就是 20 多；

第三步：这个数的最后一位数是 3，而它与 $7^3=343$ 的最后一位数相同，所以 7 就是我们要求的个位数，或者这个立方根的最后一位数。

因此，答案是 27。

注意：我们之所以采用这种方法求出最后一位数，是因为我们知道这个立方数一定是某个两位数的立方，这也是我们快速心算出立方根的前提。例如，19,684 的立方根是 27.0004572……而一定不是 24，这也是我们为什么要把它列在魔术数学这一节，而没有把它放在前面的章节中。（除此之外，这种计算很神速，就好像施了魔法一样。）

七、平方根快速心算

同立方根心算一样，如果一个数是另一个数的完全平方，我们同样能够快速心算出这个数的平方根。例如，如果观众告诉你一个两位数的平方是 7569，那么，你马上就能告诉他这个两位数就是 87。下面就是平方根的求解步骤：

第一步：观察这个数十位前面的数字（即最后两位数前面的数字），也就是例子中的 75;

第二步：因为 75 介于 8^2（$8\times8=64$）和 9^2（$9\times9=81$）之间，所以我们知道这个数的平方根是 80 多，因此平方根的第一位数是 8。接下来，我们需要求出平方根的个位数（最后一位数）。由于有两个数的平方的末位数是 9：$3^2=9$ 和 $7^2=49$，所以这个个位数一定是 3 或者 7。也就是说，这个数的平方根要么是 83，要么就是 87。那么，到底是哪一个呢？

第三步：将原数与 85 的平方做比较。因为 $85^2=80\times90+25=7225$，而 7569 大于 7225，所以这个平方根就是 87。

再举一个例子：

4761 的平方根是多少？

因为 47 介于 $6^2=36$ 和 $7^2=49$ 之间，所以答案一定是 60 多。由于平方数的最后一位数是 1，所以平方根的最后一位数一定是 1 或者 9。由于 4761 比 $65^2=4225$ 大，所以这个数的平方根就是 69。同求一个数的立方根一样，求一个数的平方根的前提是这个数必须是一个完全平方数。

八、神奇总和的预知

下面的这个魔术是我从著名的魔术大师“神奇的兰迪”那里学到的。这个魔术是这样的：魔术师能够预知到 4 个任意选定的三位数的总和。

这个魔术需要做如下准备工作：准备 3 套卡片，每套 9 张；一张纸，装在一个密封信封里，纸上写有数字 2247。关于这 3 套卡片，需要做下面的准备。

在 A 套卡片上写上下面的数字（每张卡片上写一个数字）：

4286、5771、9083、6518、2396、6860、2909、5546、8174

在 B 套卡片上写上下面的数字：

5792、6881、7547、3299、7187、6557、7097、5288、6548

在 C 套卡片上写上下面的数字：

2708、5435、6812、7343、1286、5237、6470、8234、5129

从观众中间找 3 名参与者，并给每人发 1 套卡片。请每人从 9 张卡片中随意取出一张，假如他们抽出的数是 4286、5792 和 5435。现在，按照 A、B、C 的顺序，请每个人说出他们所选的四位数中的任意一位数，假如他们说出的数是 8、9 和 5。记下这些数字，然后告诉他们："你们必须承认这些数字都是你们随意说的，而不是预先安排好的。"

接下来，请这 3 名观众再说出所选四位数中的另外一位数，那就假如他们说出的数是 4、5 和 3，并把 453 记在 895 的下面。然后，重复上面的步骤，请他们分别说出剩余的 2 个数。这样就得出了 4 个三位数，如下：

	A	B	C
	8	9	5
	4	5	3
	2	2	4
	6	7	5
2	2	4	7

接下来，请一个观众把这 4 个数加在一起，然后说出这个总和。然后，请他打开信封，向观众展示你预知的答案！

1. 预知总和的秘密

仔细观察每一套卡片，看看你能否看出其中的共同之处。对！在每套卡片上，各个数的数字总和都是相同的。A 套卡片上每组数字总和为 20，B 套卡片上每组数字总和为 23，而 C 套卡片上每组数字总和为 17。事实上，无论持卡片的人每次给出的数是什么，这些数的和总是相同的。也就是说，A 所代表的是百位数，B 所代表的是十位数，而 C 代表的是个位数。因此，这 4 个三位数的总和等于：$20\times100+23\times10+17$，即 2247！

九、任意一天的星期数

在本书的最后，我们将讲一讲最为经典的心算技艺之一，即如何计算出一个人生日的星期数。事实上，这是一个很实用的技能。在通常情况下，并不是每天都会有人请你计算一个三位数的平方；不过，几乎每天都会有人向你提起过去或者将来的某一天。稍作练习，你就能轻松而快速地计算出任何日期的星期数。

首先，我们指定一个数字代表一个星期数，这些数都是很容易记住的：

数字	星期数
1	星期一
2	星期二
3	星期三
4	星期四
5	星期五
6	星期六
7 或者 0	星期日

上面的这个列表是很容易记住的，因为数字与星期数几乎是一一对应的——当然，星期日除外。不过，我们通常也有把星期日看作是星期七的做法。所以，记住这个列表是件很容易的事情。

接下来，我们还需要用数字代表一年中的12个月。这些数字适用于任意年份，不过有两个例外。在诸如2000、2004或者2008年这样的闰年，1月份的代码是5，而2月份的代码则是1。为了便于记忆月份的代码，我们提供了一个列表：

月份	数字代码
一月	6*
二月	2*
三月	2
四月	5
五月	0
六月	3
七月	5
八月	1
九月	4
十月	6
十一月	2
十二月	4

（* 在闰年，1月份的代码为5，而2月份的代码为1。）

记忆方法：一月和十月为6；二月、三月和十一月为2；四月、七月为 5；五月为 0；六月为 3；八月为 1；九月和十二月为 4。

现在，我们先来计算一下 2006 年任意一天的星期数吧。然后，我们计算 2007 年和 2008 年的。只要掌握了方法，我们不仅能计算出将来某一天是星期几，而且还能计算出过去的某一天是星期几，甚至几个世纪以前的某一天是星期几。

每个月、每个星期的每一天都有一个数字代码，而每一年也都有一个数字代码，比如 2006 年的数字代码刚好为 0（关于年份的数字代码，参见下文）。

知道了年份的代码后，要想知道某一天的星期数，只需要把月份代码与日期和年份代码简单地相加就可以了。例如，想要知道 2006 年 12 月 3 日的星期数，只需要按照下面的步骤去做就可以了：

月份代码 + 日期 + 年份代码 =4+3+0=7

因为 7 代表星期日，所以，2006 年 12 月 3 日是星期日。

那么，2006 年 11 月 18 日呢？我们已经知道 11 月份的代码是 2，所以：

月份代码 + 日期 + 年份代码 =2+18+0=20

因为每周是 7 天，所以我们可以用这个结果减去 7 的任意倍数（7、14、21、28、35……），而星期数却不会改变。所以，下一步就是要减去比这个结果小、但却是最大的 7 的倍数，即：20−14=6，因此，2006 年 11 月 18 日是星期六。

那么，2007 年任意一天的星期数呢？随着年份的变化，你的生日的星期数是不是也随之变化呢？大多数的年份一年共有 365 天，而且由于 364 是 7 的倍数（7×52=364）。所以，在大多数的年份，你的生日的星期数会随之向前推移 1 天。如果你的两个生日之间有 366 天，那么，你的生日的星期数会随之向前推移 2 天。至于 2007 年任意一天的星期数，其计算方法同 2006 年一样，只不过是它的年份代码由 2006 年的 0 变成了 2007 年的 1 了。接下来的 2008 年是闰年（闰年是每四年一次，所以 21 世纪的闰年包括 2000 年、2004 年、2008 年、2012 年……2096 年）。因此，2008 年的年份代码要加上 2，也就是 3 了。接下来的 2009 年不是闰年，因此，它的年份代码是 4。例如，2007 年 5 月 2 日的星期数是：

月份代码 + 日期 + 年份代码 =0+2+1=3

所以，这一天是星期三。

那么，2008 年 9 月 9 日呢？这一天的星期数是：

月份代码 + 日期 + 年份代码 =4+9+3=16

16 减去比 16 小、但却是最大的 7 的倍数，那就是：16-14=2，所以这一天是星期二。

那么，2008 年 1 月 16 日呢？对于这个日期，我们就要考虑 2008 年是闰年这一因素了，因为闰年 1 月份的代码是 5，而不是平年的 6。由于：

月份代码 + 日期 + 年份代码 =5+16+3=24

所以，这一天的星期数是 24-21=3，即星期三。为了便于参考，我们已经在下文中列出了 21 世纪所有年份的代码。

值得庆幸的是，我们没有必要记住这个表格的内容，因为我们可以心算出 2000 年至 2099 年任意年份的代码。要求出

2000+X年份的代码，我们只需要用X除以4（忽略余数），然后再与X相加，并除以7就可以了，而余数就是该年份的代码。

例如，要求出2061年的年份代码，我们只需要这样做就可以了：61÷4=15，而15+61=76；由于76÷7=10……6，所以，2061年的年份代码为6。

21世纪年份代码参考

年份	代码	年份	代码	年份	代码	年份	代码
2000	0	2025	3	2050	6	2075	2
2001	1	2026	4	2051	0	2076	4
2002	2	2027	5	2052	2	2077	5
2003	3	2028	0	2053	3	2078	6
2004	5	2029	1	2054	4	2079	0
2005	6	2030	2	2055	5	2080	2
2006	0	2031	3	2056	0	2081	3
2007	1	2032	5	2057	1	2082	4
2008	3	2033	6	2058	2	2083	5
2009	4	2034	0	2059	3	2084	0
2010	5	2035	1	2060	5	2085	1
2011	6	2036	3	2061	6	2086	2
2012	1	2037	4	2062	0	2087	3
2013	2	2038	5	2063	1	2088	5
2014	3	2039	6	2064	3	2089	6
2015	4	2040	1	2065	4	2090	0
2016	6	2041	2	2066	5	2091	1
2017	0	2042	3	2067	6	2092	3
2018	1	2043	4	2068	1	2093	4
2019	2	2044	6	2069	2	2094	5
2020	4	2045	0	2070	3	2095	6
2021	5	2046	1	2071	4	2096	1
2022	6	2047	2	2072	6	2097	2
2023	0	2048	4	2073	0	2098	3
2024	2	2049	5	2074	1	2099	4

所以，2061 年 3 月 19 日的星期数是：

月份代码 + 日期 + 年份代码 =2+19+6=27

因为 27－21=6，所以这一天是星期六。

那么，20 世纪的生日呢？计算方法是完全一样的，不同之处就在于将最终的结果向前推移 1 天（或者只要给年份的代码加 1 就可以了）。因此，1961 年 3 月 19 日是星期日。

那么 1998 年 12 月 3 日呢？因为 98/4=24（余数忽略不计），所以 1998 年的年份代码为：98+24+1=123（对于 20 世纪，求年份代码要加 1，因为这个年代计算方法只适用于 21 世纪的年份），而 123/7=17……4，因此，1998 年的年份代码为 4。所以，1998 年 12 月 3 日的星期数是：

月份代码 + 日期 + 年份代码 =4+3+4=11

而 11－7=4，因此这一天是星期四。

在计算 19 世纪任意一天的星期数时，其年份的代码要（在 21 世纪年份的基础上）加上 3。例如，英国博物学家查尔斯·达尔文和美国第十六任总统亚伯拉罕·林肯都出生于 1809 年 2 月 12 日。因为 2009 年的年份代码为 4，所以 1809 年的年份代码是 4+3=7，也就是 0。因此，达尔文和林肯出生的这一天是：

月份代码 + 日期 + 年份代码 =2+12+0=14

而 14－14=0，所以这一天是星期日。

在计算 22 世纪任意一天的星期数时，其年份的代码要（在 21 世纪年份的基础上）加上 5 或者减去 2（二者的结果是一样的）。例如，因为 2009 年的年份代码为 4，所以 2109 年的年份代码为

4+5=9，而 9-7=2。18 世纪的年份代码则同 22 世纪的年份代码完全一样，也是加上 5 或减去 2。不过，有一点需要注意的是，因为我们的这个运算是基于 1582 年确立的格列高利历法，而英国从 1752 年才开始采用这个历法的。在当时，星期三是 9 月 2 日，而接下来的星期四则是 9 月 14 日。我们还是证实一下吧！由于 2052 年的年份代码是 2，所以，1752 年的年份代码是 0。因此，1752 年 9 月 14 日是：

月份代码 + 日期 + 年份代码 =4+14+0=18

而 18-14=4，所以这一天的确是星期四。不过，我们的这个公式对于早期时代的日期是不起作用的，因为当时采用的是儒略历（现今国际通用的公历的前身）。

最后，需要指出的是，根据格列高利历法，闰年每四年一次，而能够被 100 整除的年份除外，但是能够被 400 整除的年份仍是闰年。所以，1600 年、2000 年、2400 年和 2800 年都是闰年，而 1700 年、1800 年、1900 年、2100 年、2200 年、2300 年和 2500 年都不是闰年，尽管它们也能够被 4 整除（但是却不能被 400 整除）。事实上，格列高利历法是每 400 年一个轮回，所以你可以将未来的任意一天转换成距离 2000 年最近的一天。例如，2361 年 3 月 19 日和 2761 年 3 月 19 日的星期数同 1961 年 3 月 19 日的星期数是一样的，即星期日。

练习：计算任意一天的星期数

求下列日期的星期数：

1. 2007 年 1 月 19 日
2. 2012 年 2 月 14 日
3. 1993 年 6 月 20 日
4. 1983 年 9 月 1 日
5. 1954 年 9 月 8 日
6. 1863 年 11 月 19 日
7. 1776 年 7 月 4 日
8. 2222 年 2 月 22 日
9. 2468 年 6 月 31 日
10. 2358 年 1 月 1 日

第十一章

结束语：用科学的语言——数学，来甄别谎言

［美］迈克尔·谢尔默

作为《怀疑论者》杂志的出版商、怀疑论者协会的执行董事以及《科学美国人》杂志的编辑，我常常收到人们寄来的大量富有挑战性的邮件，向我讲述他们非比寻常的故事和经历，包括闹鬼的住宅、幽灵、灵魂出窍、不明飞行物、外星人、梦中死亡预兆等。

在这些故事中，最令我感兴趣的是那些不可思议的事情。在其中的一封信里，写信的人给我讲了一个故事，然后对我说，如果我不能就这个特殊的事件给出一个令人满意的科学解释，那么超自然现象便是存在的。他说：某人做了一个梦，梦到他的一个朋友或者亲戚去世了，第二天就有人打电话告诉他，这个人意外去世了。然后，他问："你该如何解释这件事情？"

关于这种现象，数学最能为我们的解释和推理提供强有力的帮助。在这里，我不想对学校的数学教育妄加评论，要他们用科学的态度思考问题，因为几乎每一所学校的每一个数学老师在每一节数学课上可能都这么说过。我想要做的就是举出几个具体的例子，表明我是如何利用非常简单的数学知识来解释生活中发生的一些怪异且荒诞不经的事情。

尽管我不能总是解释类似的特殊现象，不过，一种被称为"大数定律"的概率法则表明，在尝试次数较少的情况下，一件事情发生的概率很低；反之，在尝试次数很多的情况下，这件事情发

生的概率就会很高。或者，正如我常常说的那样，概率为百万分之一的事情在美国每天就会发生 295 次。

我们还是先拿上面的死亡预兆来说吧。下面就是我关于梦中死亡预兆概率的计算。

心理学家称，普通人每天大约要做 5 个梦，这样的话他每年要做 1,825 个梦。即使我们只能记住这些梦的十分之一，一年能够记住的梦还是有 182.5 个。美国的人口为 2.95 亿，这就意味着美国一年就有 538 亿个被记住的梦。现在，人类学家和社会学家告诉我们，每个人大约有 150 个熟人，也就是说，每一个普通民众有 150 个可以倾心交谈的人，而这就意味着在 2.95 亿美国人当中，有一个数目为 443 亿的私人关系网络。在美国，各个年龄段的人因各种原因而死亡的年比率是 0.008，也就是说每年大约有 260 万人死亡。所以，对于 2.95 亿个美国人以及他们之间 443 亿个私人关系来说，会有 538 亿个被人记住的梦，而这些梦中有一部分是关于这 260 万人中某些人死亡的梦境，这是不可避免的。事实上，如果某些死亡预兆的梦不成为现实，那倒是真的成了奇迹。

即使我所列举的数字太偏离事实，但我的观点仍然是站得住脚的。梦中死亡预兆成为现实的概率是多少呢？应该是相当高吧！

除此之外，人们对于超自然现象还存在一种名为“证实偏见”的心理因素。为了证明自己的观点是正确的，人们往往会过分强调那些支持自己观点的证据，而忽视那些与自己观点对立的证据。事实上，阴谋理论之所以成立，正是因为人们的“证实偏见”在起作用。“证实偏见”还能够帮助我们解释为什么占星家、塔罗牌解读者、通灵术士似乎总是能够“读懂”人们。那些让别人看相的人往往会记住一些“正面”因素，而忽略大量的“负面”因素。事实上，如果对两方面的因素都加以考虑，你就会明白一些“怪异”事情的发生纯属巧合或者只是推测而已。

至于死亡预兆的梦，那只不过是一些做过这种梦的人对他们认为是不可思议的事情加以渲染和粉饰，从而证明怪异的事情是存在的。事实上，这种现象遵循的仍然是“大数定律”这个概率法则而已。

采用数学方法解释怪异之事使我对奇迹产生了另外一种看法。人们往往会使用“奇迹”这个词来描述非同寻常的真实事件，也就是发生概率为百万分之一的事件。不错，我们可以把这个百万分之一作为定义奇迹这个词的标准，即：奇迹就是发生概率为百万分之一的事件。在日常生活当中，我们看到和听到的事情大约是每秒钟一件。也就是说，这个世界所发生的事情以每秒钟一件的速度向我们涌来。如果每天我们有 8 个小时保持清醒并与外界保持接触，那就意味着我们每天接收的信息为 3 万件，或者每个月为 100 万件。对于我们来说，这些数据和事件大多都是没有意义的，因此我们的大脑会把这些没有意义的海量信息迅速过滤掉，并抛诸脑后。否则，我们的大脑是无法承受如此多的信息的。不过，我们认为，在一个月当中，百万分之一的事情至少会发生一次。由于“证实偏见”的心理因素，人们往往会记住那些最为不同寻常的事情而忘掉其他的事情，所以，在某个地方，有人每月对外公布一件奇迹是在所难免的事情。在公布了这样的奇特事件之后，媒体当然不能错过这个机会，少不了对其大肆渲染！

我所讲的只不过是关于如何用科学观点解释怪异现象的一点

看法。要想知道这个世界到底是怎么回事，我们就需要辨明什么是真实的，什么不是真实的；什么是偶发事件，什么是由某个可以预见的原因而导致的事件。我们面临的问题是，人类大脑进化的目的就是要关注那些真正异常的事件，而忽视大量的、没有意义的事情。从某种意义上讲，科学不是自然产生的，而是从某些训练和实践中得出来的。

除了上面我提到的证实偏见外，还有一些其他的意识偏见。数据不会为自己辩解；数据是通过非常主观和偏见的大脑过滤的。例如，自利偏见就使我们觉得，我们比他人眼中的自己更正面：据统计，许多商人自认他们比其他商人更有道德感，而那些研究道德直觉的心理学家则认为他们比其他的心理学家更有道德感。一个大学入学考试委员会所做的统计表明，在 82.9 万名大学四年级学生当中，0% 的人认为他们“与人交往的能力”低于平均水平，而 60% 的人则认为他们的这种能力位居前 10%。另外，《美国新闻和世界报道》1997 年就“美国人认为谁最有可能上天堂”所做的一项研究表明，52% 的人选择比尔 · 克林顿，60% 的人选择王妃戴安娜，65% 的人选择迈克尔·乔丹，79% 的人选择特里萨修女，87% 的人则选择了他们自己！

美国普林斯顿大学心理学教授艾米丽 · 普罗尼和她的同事就一种名为盲点的偏见做了一次测试。在测试中，受试者辨认出了存在于他人身上的八种偏见，但是却看不到自己也存在着相同的偏见。一项对斯坦福大学学生进行的研究表明，在请他们拿自己与同辈就友善和自私自利等个人品质进行比较时，如同预料的那样，他们给自己的评价都高于他人。尽管测试人员已经事先警告受试者，他们的评价可能会出现“优于他人的偏见”，并要求他们重新评价原来的结果，但是 63% 的人仍然宣称他们原来的评价是客观的，而 13% 的人甚至还宣称他们太过于谦虚了！在第二项针对“社会智力”的研究中，普罗尼随机把或高或低的分数指派给受试者。不出所料，得高分的人比得低分的人更加认同这项测试的公平与实用性。此后，研究人员又询问受试者是否可能受到分数高低的左右，他们的反应却是其他人受影响的程度要比自己更严重。在第三项研究中，普罗尼询问受试者采用何种方法评估自己和他人的偏见。结果她发现，人们倾向于以一般的行为理论评估他人，但是却采用反省法对自己进行评估。在所谓的反省假象中，人们并不认为他人也能够同样做到这一点。也就是：吾所行者，汝未能矣。

我和美国加利福尼亚大学伯克利分校心理学家弗兰克 · J. 萨洛威（Frank J. Sulloway）在一项研究中发现了一个类似的“归因偏见”。在研究中，我们请人们说出他们信仰上帝的理由，以及他们认为其他人信仰上帝的理由。从总体上说，大部分人把他们信仰上帝归因于诸如世界的完美设计与复杂性等智力因素，而把其他人信仰上帝归因于诸如得到安慰、给生活带来意义以及家教就是如此等情感因素。政治学家在针对政治态度所做的一项研究中也有类似的发现。

那么，怎样运用科学来解释这些主观的偏见呢？我们怎样做才能知道谁对谁错呢？我们想要思想开明一些，不带偏见地接受我们遇到的新生事物和激进思想，可是我们又不想开明得失去理智、是非不分。这个问题正是我们创办“怀疑论者协会”的初衷，而我们的目的就是要创造一个“谎言甄别工具包”。“谎言甄别工具包”之名的灵感源自美国天文学家、教育家和科普作家卡尔 · 萨根，他在自己的巨著《魔鬼出没的世界》中，就如何甄别谎言进行了探讨。在这个“谎言甄别工具包”中，我们给出了这样的建议：即在听到任何断言时你要向自己提出10个问题，这些问题有助于确定你是否可以接受这个断言。

1．这个断言的来源可靠性如何？

正如美国科学史学家丹尼尔·凯夫尔斯在1999年出版的著作《巴尔的摩事件》中所说，我们在调查可能的科学欺骗时，存有一个界线问题。例如，在毫无条理的背景噪声中，你很难辨别一个伪造的信号，这是科学进程中很正常的一部分。问题是，数据和解释有没有被蓄意歪曲的迹象。当一个由国会组织的独立调查委员会对诺贝尔奖获得者戴维·巴尔的摩的实验室数据进行仔细调查、以寻找可能的欺诈行为时，他们发现了多得惊人的错误。然而，科学比大多数人所想的更加杂乱。巴尔的摩之所以无罪，是因为他的这些错误是随机和无方向性的，而没有人为的数据歪曲迹象。

2．这个来源是否经常得出类似的结论（或断言）？

伪科学家有脱离事实的习惯。因此，当有人提出无数超乎寻常的断言时，他们也许不仅仅是离经叛道者。这是一个数量的衡量问题，因为一些伟大的思想家经常在没有依据的情况下做出他们富有创造性的推测。美国康奈尔大学天文物理学家托马斯·格尔德素常以提出一些偏激的断言而著称，但是由于他提出的主张往往被证明是正确的，因此许多科学家也愿意听取他的意见。例如，格尔德曾说，石油根本不是化石燃料，而是炎热的深层生物圈（生活在地壳以下意想不到的深度的生物）的副产品。在我接触到的科学家当中，没有人把他的这个说法当作一回事，然而他们也认为格尔德是一个狂热而古怪的人。在这里，我们要寻找的是一种边缘的思维模式，这种模式往往会忽视或者歪曲数据。

3. 这个断言是否得到了其他消息来源的证实？

伪科学家的一个典型特征就是：他们公布的主张、发表的议论或者断言都是没有得到过证实，或者只是得到他们自己圈内的一个来源证实的。我们必须提出这样的问题：是谁对这个断言进行了验证？我们甚至还要问：是谁对验证者进行了身份验证？例如，冷核聚变失败事件的问题重点不在于斯坦利·庞斯和马丁·弗莱彻曼错误的发现，而在于他们在其他实验室没有证实这个断言之前就宣布了这个轰动一时的发现。更为糟糕的是，在其他实验室称冷核聚变实验无法重复时，他们仍然坚持自己的主张。所以，对于科学的新发现来说，外界的验证是至关重要的。

4. 这个断言如何与我们已知世界的运行方式相适应？

我们应当把超乎寻常的断言放置在一个较大的环境内，以观察它是如何与这个环境相适应的。一些人宣称埃及的金字塔和狮身人面像是一万多年以前由一个进化高级的人类建造的，但是他们却没有提供任何关于这个早期文明的相关情况。这些人建造的其他器物在哪里？他们的工艺品、武器、衣服、工具、垃圾在哪里？考古研究根本不是这样开展的。

5. 是否有人曾经特意反驳过这个断言？还是只找到了证实这个断言的证据？

这就是我们所说的“证实偏见”，或者说倾向于寻找证实的证据，而拒绝或者忽略证明断言不成立的证据。证实偏见威力强大而且深入人心，我们当中的任何人几乎都难以避免，这也是为什么要进行检验和审查、核实和复核等步骤来验证某个断言的原因。

6. 占优势的证据与断言者的结论是否一致?

例如，进化论就是由很多独立的证据得以证明的。没有一块化石、没有一个生物学或者古生物学的证据上面写着“进化”二字，相反，成千上万的证据聚合在一起构成了生命进化的故事。神造物论者轻易地忽略了这一证据的聚合，而是把注意力放在生命史上细微的异样或者现在还无法解释的现象上。

7. 断言者采用的是否是公认的推理标准和研究方法?还是为了得出想要的结论而将其舍弃?

不明飞行物学家就是为了得出他们想要得到的结论而继续他们的研究，寻找所谓的证据去证明一些无法解释的大气异常现象和目击者的视觉错觉，而轻易地忽略了大量不明飞行物现象，其实通过简单的科学知识就能解释这个事实。

8. 断言者是否对观察到的现象做过不同的解释?或者严格地说是对现有解释的拒绝和否认?

这是一个经典的辩论策略——批评你的对手而从不承认自己相信什么，从而避免受到批评。不过，这种战略在科学上是不能接受的。例如，大爆炸学说的怀疑论者忽略了这个宇宙论模型证据的聚合，而是把注意力放在这个已经为人们接受的模型的少许瑕疵上，却又无法提供另外一个可供选择的、证据有利的宇宙论。

9. 如果断言者提供了一个新的解释，这个解释是否能像原来的解释一样说明尽可能多的现象？

很多人类免疫缺陷病毒——艾滋病病毒（HIV）怀疑论者争论说，是生活方式而不是人类免疫缺陷病毒导致人类感染了艾滋病。为了证明这个论点，他们必须忽略大量支持 HIV 是艾滋病的致病因素的证据，同时还要忽略 HIV 由于人为疏忽而混入血液供应体系与血友病病人输血后不久艾滋病发病率上升之间的显著联系。更为重要的是，他们的理论几乎不能像 HIV 理论那样解释大量的数据。

10. 是断言者的个人信仰和偏见使他得出了这个结论呢，还是其他什么依据呢？

所有的科学家都有社会、政治和意识形态的信仰，而这些信仰可能潜在地歪曲他们对数据的解释。那么，这些偏见和信仰是如何影响他们的研究的呢？从某种程度上讲，通过同行评议体制，这样的偏见和信仰才会被发现。这也是为什么一个人不能在知识的真空中工作的原因。也许你很难在自己的研究中发现上述的偏见，但别人却会。

在听到新的断言、主张或者思想时，我们没有一个可以应用的明确标准来确定我们该怎样做才算是思想开明而又不至于误入歧途。不过，通过对怪异事件发生概率的数学计算，以及对在遇到怪异的事情时应当提出的几个问题的分析，我们就已经朝着这个神秘而又美好的世界迈出了第一步。

鸣 谢

作者对美国兰登出版社协助本书出版的史蒂夫·罗斯和凯蒂·麦克休表示感谢，并向排版本书初始文稿的纳塔里亚·克莱尔致谢。

亚瑟·本杰明尤其想要向激励他、使他成为数学家和魔术师的人表示感谢，他们包括心理学家威廉·G.蔡斯、魔术师保罗·格特纳和詹姆斯·兰迪、数学家艾伦·J.戈德曼和爱德华·R.施奈曼。最后亚瑟还要向他所在的哈维穆德学院所有的同事和学生，以及他的妻子迪娜和女儿劳雷尔、阿里尔表示感谢。

参考答案

第二章　多退少补：自左至右的加减法心算法则

两位数加法（p13）

1. 23+16=23+10+6=33+6=39
2. 64+43=64+40+3=104+3=107
3. 95+32=95+30+2=125+2=127
4. 34+26=34+20+6=54+6=60
5. 89+78=89+70+8=159+8=167
6. 73+58=73+50+8=123+8=131
7. 47+36=47+30+6=77+6=83
8. 19+17=19+10+7=29+7=36
9. 55+49=55+40+9=95+9=104
10. 39+38=39+30+8=69+8=77

三位数加法（p19）

1. 242+137=242+100+30+7=342+30+7=372+7=379
2. 312+256=312+200+50+6=512+50+6=562+6=568
3. 635+814=635+800+10+4=1435+10+4=1445+4=1449
4. 457+241=457+200+40+1=657+40+1=697+1=698
5. 912+475=912+400+70+5=1312+70+5=1382+5=1387

6. **852+378=852+300+70+8=1152+70+8=1222+8=1230**

7. **457+269=457+200+60+9=657+60+9=717+9=726**

8. **878+797=878+700+90+7=1578+90+7=1668+7=1675**

   或者 **878+797=878+800－3=1678－3=1675**

9. **276+689=276+600+80+9=876+80+9=956+9=965**

10. **877+539=877+500+30+9=1377+30+9=1407+9=1416**

11. **5400+252=5400+200+52=5600+52=5652**

12. **1800+855=1800+800+55=2600+55=2655**

13. **6120+136=6120+100+30+6=6220+30+6=6250+6=6256**

14. **7830+348=7830+300+40+8=8130+40+8=8170+8=8178**

15. **4240+371=4240+300+70+1=4540+70+1=4610+1=4611**

两位数减法（p21）

1. **38－23=38－20－3=18－3=15**

2. **84－59=84－60+1=24+1=25**

3. **92－34=92－40+6=52+6=58**

4. **67－48=67－50+2=17+2=19**

5. **79－29=79－20－9=59－9=50**

   或者 **79－29=79－30+1=49+1=50**

6. **63－46=63－50+4=13+4=17**

7. **51－27=51－30+3=21+3=24**

8. **89－48=89－40－8=49－8=41**

9. **125－79=125－80+1=45+1=46**

10. 148－86=148－90+4=58+4=62

三位数减法（p26）

1. 583－271=583－200－70－1=383－70－1=313－1=312
2. 936－725=936－700－20－5=236－20－5=216－5=211
3. 587－298=587－300+2=287+2=289
4. 763－486=763－500+14=263+14=277
5. 204－185=204－200+15=4+15=19
6. 793－402=793－400－2=393－2=391
7. 219－176=219－200+24=19+24=43
8. 978－784=978－800+16=178+16=194
9. 455－319=455－400+81=55+81=136
10. 772－596=772－600+4=172+4=176
11. 873－357=873－400+43=473+43=516
12. 564－228=564－300+72=264+72=336
13. 1428－571=1428－600+29=828+29=857
14. 2345－678=2345－700+22=1645+22=1667
15. 1776－987=1776－1000+13=776+13=789

第三章　分配律：乘法心算的基本原则

两位数与一位数相乘（p32~p33）

1. $\begin{array}{r} 82 \\ \times\ \ 9 \\ \hline 720 \\ +\ 18 \\ \hline 738 \end{array}$

2. $\begin{array}{r} 43 \\ \times\ \ 7 \\ \hline 280 \\ +\ 21 \\ \hline 301 \end{array}$

3. $\begin{array}{r} 67 \\ \times\ \ 5 \\ \hline 300 \\ +\ 35 \\ \hline 335 \end{array}$

4. $\begin{array}{r} 71 \\ \times\ \ 3 \\ \hline 210 \\ +\ \ 3 \\ \hline 213 \end{array}$

5. $\begin{array}{r} 93 \\ \times\ \ 8 \\ \hline 720 \\ +\ 24 \\ \hline 744 \end{array}$

6. $\begin{array}{r} 49 \\ \times\ \ 9 \\ \hline 360 \\ +\ 81 \\ \hline 441 \end{array}$ 或者 $\begin{array}{r} 49 \\ \times\ \ 9 \\ \hline 450 \\ -\ \ 9 \\ \hline 441 \end{array}$

7. $\begin{array}{r} 28 \\ \times\ \ 4 \\ \hline 80 \\ +\ 32 \\ \hline 112 \end{array}$

8. $\begin{array}{r} 53 \\ \times\ \ 5 \\ \hline 250 \\ +\ 15 \\ \hline 265 \end{array}$

9. $\begin{array}{r} 84 \\ \times\ \ 5 \\ \hline 400 \\ +\ 20 \\ \hline 420 \end{array}$

10. $\begin{array}{r} 58 \\ \times\ \ 6 \\ \hline 300 \\ +\ 48 \\ \hline 348 \end{array}$

11. $\begin{array}{r} 97 \\ \times\ \ 4 \\ \hline 360 \\ +\ 28 \\ \hline 388 \end{array}$

12. $\begin{array}{r} 78 \\ \times\ \ 2 \\ \hline 140 \\ +\ 16 \\ \hline 156 \end{array}$

13. $\begin{array}{r} 96 \\ \times\ \ 9 \\ \hline 810 \\ +\ 54 \\ \hline 864 \end{array}$

14. $\begin{array}{r} 75 \\ \times\ \ 4 \\ \hline 280 \\ +\ 20 \\ \hline 300 \end{array}$

15. $\begin{array}{r} 57 \\ \times\ \ 7 \\ \hline 350 \\ +\ 49 \\ \hline 399 \end{array}$

16. $\begin{array}{r} 37 \\ \times\ \ 6 \\ \hline 180 \\ +\ 42 \\ \hline 222 \end{array}$

17. $\begin{array}{r} 46 \\ \times\ \ 2 \\ \hline 80 \\ +\ 12 \\ \hline 92 \end{array}$

18. $\begin{array}{r} 76 \\ \times\ \ 8 \\ \hline 560 \\ +\ 48 \\ \hline 608 \end{array}$

19. $\begin{array}{r} 29 \\ \times\ \ 3 \\ \hline 60 \\ +\ 27 \\ \hline 87 \end{array}$

20. $\begin{array}{r} 64 \\ \times\ \ 8 \\ \hline 480 \\ +\ 32 \\ \hline 512 \end{array}$

三位数与一位数相乘（p39）

1.
$$\begin{array}{r} 431 \\ \times \quad 6 \\ \hline 2400 \\ +\ 180 \\ \hline 2580 \\ +\quad 6 \\ \hline 2586 \end{array}$$

2.
$$\begin{array}{r} 637 \\ \times \quad 5 \\ \hline 3000 \\ +\ 150 \\ \hline 3150 \\ +\ \ 35 \\ \hline 3185^{*} \end{array}$$

3.
$$\begin{array}{r} 862 \\ \times \quad 4 \\ \hline 3200 \\ +\ 240 \\ \hline 3440 \\ +\quad 8 \\ \hline 3448 \end{array}$$

4.
$$\begin{array}{r} 957 \\ \times \quad 6 \\ \hline 5400 \\ +\ 300 \\ \hline 5700 \\ +\ \ 42 \\ \hline 5742 \end{array}$$

5.
$$\begin{array}{r} 927 \\ \times \quad 7 \\ \hline 6300 \\ +\ 140 \\ \hline 6440 \\ +\ \ 49 \\ \hline 6489 \end{array}$$

6.
$$\begin{array}{r} 728 \\ \times \quad 2 \\ \hline 1400 \\ +\ \ 40 \\ \hline 1440 \\ +\ \ 16 \\ \hline 1456 \end{array}$$

7.
$$\begin{array}{r} 328 \\ \times \quad 6 \\ \hline 1800 \\ +\ 120 \\ \hline 1920 \\ +\ \ 48 \\ \hline 1968 \end{array}$$

8.
$$\begin{array}{r} 529 \\ \times \quad 9 \\ \hline 4500 \\ +\ 180 \\ \hline 4680 \\ +\ \ 81 \\ \hline 4761 \end{array}$$

9.
$$\begin{array}{r} 807 \\ \times \quad 9 \\ \hline 7200 \\ +\ \ 63 \\ \hline 7263 \end{array}$$

10.
$$\begin{array}{r} 587 \\ \times \quad 4 \\ \hline 2000 \\ +\ 320 \\ \hline 2320 \\ +\ \ 28 \\ \hline 2348^{*} \end{array}$$

11.
$$\begin{array}{r} 184 \\ \times \quad 7 \\ \hline 700 \\ +\ 560 \\ \hline 1260 \\ +\ \ 28 \\ \hline 1288 \end{array}$$

12.
$$\begin{array}{r} 214 \\ \times \quad 8 \\ \hline 1600 \\ +\ \ 80 \\ \hline 1680 \\ +\ \ 32 \\ \hline 1712 \end{array}$$

答案处标有 * 的题无须进位，你可以边心算边大声说出答案。

13.
$$\begin{array}{r} 757 \\ \times \quad 8 \\ \hline 5600 \\ +\ 400 \\ \hline 6000 \\ +\ \ 56 \\ \hline 6056 \end{array}$$

14.
$$\begin{array}{r} 259 \\ \times \quad 7 \\ \hline 1400 \\ +\ 350 \\ \hline 1750 \\ +\ \ 63 \\ \hline 1813 \end{array}$$

15.
$$\begin{array}{r} 297 \\ \times \quad 8 \\ \hline 1600 \\ +\ 720 \\ \hline 2320 \\ +\ \ 56 \\ \hline 2376 \end{array}$$

或者

$$\begin{array}{rl} 297 & (300-3) \\ \times \quad 8 & \\ \hline 2400 & = 300\times8 \\ -\ \ 24 & = (-3)\times8 \\ \hline 2376 & \end{array}$$

16.
$$\begin{array}{r} 751 \\ \times \quad 9 \\ \hline 6300 \\ +\ 450 \\ \hline 6750 \\ +\ \ \ 9 \\ \hline 6759 \end{array}$$

17.
$$\begin{array}{r} 457 \\ \times \quad 7 \\ \hline 2800 \\ +\ 350 \\ \hline 3150 \\ +\ \ 49 \\ \hline 3199 \end{array}$$

18.
$$\begin{array}{r} 339 \\ \times \quad 8 \\ \hline 2400 \\ +\ 240 \\ \hline 2640 \\ +\ \ 72 \\ \hline 2712 \end{array}$$

19.
$$\begin{array}{r} 134 \\ \times \quad 8 \\ \hline 800 \\ +\ 240 \\ \hline 1040 \\ +\ \ 32 \\ \hline 1072 \end{array}$$

20.
$$\begin{array}{r} 611 \\ \times \quad 3 \\ \hline 1800 \\ +\ \ 33 \\ \hline 1833 \end{array}$$

21.
$$\begin{array}{r} 578 \\ \times \quad 9 \\ \hline 4500 \\ +\ 630 \\ \hline 5130 \\ +\ \ 72 \\ \hline 5202 \end{array}$$

22.
$$\begin{array}{r} 247 \\ \times \quad 5 \\ \hline 1000 \\ +\ 200 \\ \hline 1200 \\ +\ \ 35 \\ \hline 1235^{*} \end{array}$$

23.
$$\begin{array}{r} 188 \\ \times \quad 6 \\ \hline 600 \\ +\ 480 \\ \hline 1080 \\ +\ \ 48 \\ \hline 1128 \end{array}$$

24.
$$\begin{array}{r} 968 \\ \times \quad 6 \\ \hline 5400 \\ +\ 360 \\ \hline 5760 \\ +\ \ 48 \\ \hline 5808 \end{array}$$

25.
$$\begin{array}{r} 499 \\ \times \quad 9 \\ \hline 3600 \\ +\ 810 \\ \hline 4410 \\ +\ \ 81 \\ \hline 4491 \end{array}$$

或者

$$\begin{array}{rr} & 499 \\ & \times \quad 9 \\ \hline 500\times9= & 4500 \\ -1\times9= & -\ \ \ 9 \\ \hline & 4491 \end{array}$$

26.
$$\begin{array}{r} 670 \\ \times \quad 4 \\ \hline 2400 \\ + \ 280 \\ \hline 2680 \end{array}$$

27.
$$\begin{array}{r} 429 \\ \times \quad 3 \\ \hline 1200 \\ + \quad 60 \\ \hline 1260 \\ + \quad 27 \\ \hline 1287 \end{array}$$

28.
$$\begin{array}{r} 862 \\ \times \quad 5 \\ \hline 4000 \\ + \ 300 \\ \hline 4300 \\ + \quad 10 \\ \hline 4310^{*} \end{array}$$

29.
$$\begin{array}{r} 285 \\ \times \quad 6 \\ \hline 1200 \\ + \ 480 \\ \hline 1680 \\ + \quad 30 \\ \hline 1710 \end{array}$$

30.
$$\begin{array}{r} 488 \\ \times \quad 9 \\ \hline 3600 \\ + \ 720 \\ \hline 4320 \\ + \quad 72 \\ \hline 4392 \end{array}$$

31.
$$\begin{array}{r} 693 \\ \times \quad 6 \\ \hline 3600 \\ + \ 540 \\ \hline 4140 \\ + \quad 18 \\ \hline 4158 \end{array}$$

32.
$$\begin{array}{r} 722 \\ \times \quad 9 \\ \hline 6300 \\ + \ 180 \\ \hline 6480 \\ + \quad 18 \\ \hline 6498 \end{array}$$

33.
$$\begin{array}{r} 457 \\ \times \quad 9 \\ \hline 3600 \\ + \ 450 \\ \hline 4050 \\ + \quad 63 \\ \hline 4113 \end{array}$$

34.
$$\begin{array}{r} 767 \\ \times \quad 3 \\ \hline 2100 \\ + \ 180 \\ \hline 2280 \\ + \quad 21 \\ \hline 2301 \end{array}$$

35.
$$\begin{array}{r} 312 \\ \times \quad 9 \\ \hline 2700 \\ + \quad 90 \\ \hline 2790 \\ + \quad 18 \\ \hline 2808 \end{array}$$

36.
$$\begin{array}{r} 691 \\ \times \quad 3 \\ \hline 1800 \\ + \ 270 \\ \hline 2070 \\ + \quad 3 \\ \hline 2073 \end{array}$$

两位数的平方（p44~p45）

1. 14^2 $\xrightarrow{+4}$ 18, $\xrightarrow{-4}$ 10 $\rightarrow$ $180+4^2=196$

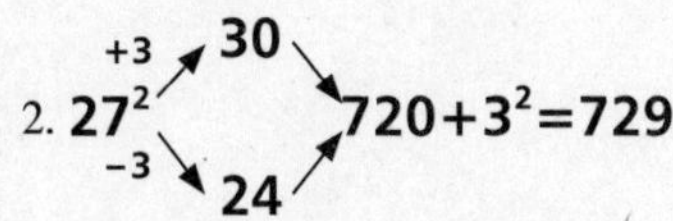

3. 65^2 $\xrightarrow{+5}$ 70, $\xrightarrow{-5}$ 60 → $4200+5^2=4225$

4. 89^2 $\xrightarrow{+1}$ 90, $\xrightarrow{-1}$ 88 → $7920+1^2=7921$

5. 98^2 $\xrightarrow{+2}$ 100, $\xrightarrow{-2}$ 96 → $9600+2^2=9604$

6. 31^2 $\xrightarrow{+1}$ 32, $\xrightarrow{-1}$ 30 → $960+1^2=961$

7. 41^2 $\xrightarrow{+1}$ 42, $\xrightarrow{-1}$ 40 → $1680+1^2=1681$

8. 59^2 $\xrightarrow{+1}$ 60, $\xrightarrow{-1}$ 58 → $3480+1^2=3481$

9. 26^2 $\xrightarrow{+4}$ 30, $\xrightarrow{-4}$ 22 → $660+4^2=676$

10. 53^2: $+3 \rightarrow 56$, $-3 \rightarrow 50$; $2800+3^2=2809$

11. 21^2: $+1 \rightarrow 22$, $-1 \rightarrow 20$; $440+1^2=441$

12. 64^2: $+4 \rightarrow 68$, $-4 \rightarrow 60$; $4080+4^2=4096$

13. 42^2: $+2 \rightarrow 44$, $-2 \rightarrow 40$; $1760+2^2=1764$

14. 55^2: $+5 \rightarrow 60$, $-5 \rightarrow 50$; $3000+5^2=3025$

15. 75^2: $+5 \rightarrow 80$, $-5 \rightarrow 70$; $5600+5^2=5625$

16. 45^2: $+5 \rightarrow 50$, $-5 \rightarrow 40$; $2000+5^2=2025$

17. 84^2: $+4 \rightarrow 88$, $-4 \rightarrow 80$; $7040+4^2=7056$

18. 67^2 (+3 → 70; −3 → 64) → $4480+3^2=4489$

19. 103^2 (+3 → 106; −3 → 100) → $10{,}600+3^2=10{,}609$

20. 208^2 (+8 → 216; −8 → 200) → $43{,}200+8^2=43{,}264$

第四章　新颖的乘法运算：间接相乘法

与 11 相乘的运算（p54）

1. $\begin{array}{r} 35 \\ \times\ 11 \\ \hline \end{array}$ $\dfrac{3\ \ 5}{8}$ =385

2. $\begin{array}{r} 48 \\ \times\ 11 \\ \hline \end{array}$ $\dfrac{4\ \ 8}{12}$ =528

3. $\begin{array}{r} 94 \\ \times\ 11 \\ \hline \end{array}$ $\dfrac{9\ \ 4}{13}$ =1034

两位数相乘的"加法方法"（p55）

1.

$$\begin{array}{rr} & 31(30+1) \\ & \times\quad 41 \\ \hline 30\times41= & 1230 \\ 1\times41= & +\quad 41 \\ \hline & 1271 \end{array}$$

或者

$$\begin{array}{rr} & 31 \\ & \times\quad 41(40+1) \\ \hline 40\times31= & 1240 \\ 1\times31= & +\quad 31 \\ \hline & 1271 \end{array}$$

2.
$$\begin{array}{rr} & 27(20+7) \\ & \times\ 18 \\ \hline 20\times18= & 360 \\ 7\times18= & +\ 126 \\ \hline & 486 \end{array}$$

3.
$$\begin{array}{rr} & 59(50+9) \\ & \times\ 26 \\ \hline 50\times26= & 1300 \\ 9\times26= & +\ 234 \\ \hline & 1534 \end{array}$$

4.
$$\begin{array}{rr} & 53(50+3) \\ & \times\ 58 \\ \hline 50\times58= & 2900 \\ 3\times58= & +\ 174 \\ \hline & 3074 \end{array}$$

5.
$$\begin{array}{rr} & 77 \\ & \times\ 43(40+3) \\ \hline 40\times77= & 3080 \\ 3\times77= & +\ 231 \\ \hline & 3311 \end{array}$$

6.
$$\begin{array}{rr} & 23(20+3) \\ & \times\ 84 \\ \hline 20\times84= & 1680 \\ 3\times84= & +\ 252 \\ \hline & 1932 \end{array}$$

或者

$$\begin{array}{rr} & 23 \\ & \times\ 84(80+4) \\ \hline 80\times23= & 1840 \\ 4\times23= & +\ 92 \\ \hline & 1932 \end{array}$$

7.
$$\begin{array}{rr} & 62(60+2) \\ & \times\ 94 \\ \hline 60\times94= & 5640 \\ 2\times94= & +\ 188 \\ \hline & 5828 \end{array}$$

8.
$$\begin{array}{rr} & 88(80+8) \\ & \times\ 76 \\ \hline 80\times76= & 6080 \\ 8\times76= & +\ 608 \\ \hline & 6688 \end{array}$$

9.
$$\begin{array}{rr} & 92(90+2) \\ & \times\ 35 \\ \hline 90\times35= & 3150 \\ 2\times35= & +\ 70 \\ \hline & 3220 \end{array}$$

10.
$$\begin{array}{r} 34 \\ \times\ 11 \\ \hline \end{array} \quad \begin{array}{c} 3\ \ 4 \\ \hline 7 \end{array} =374$$

或者

$$\begin{array}{r} 340 \\ +\ 34 \\ \hline 374 \end{array}$$

11. $$\begin{array}{r} 85 \\ \times\ 11 \\ \hline \end{array} \quad \begin{array}{l} 8\ 5 = 935 \\ \hline 13 \end{array} \quad \text{或者} \quad \begin{array}{r} 850 \\ +\ 85 \\ \hline 935 \end{array}$$

两位数相乘的“减法方法”（p58）

1. $$\begin{array}{rr} & 29(30-1) \\ & \times\quad 45 \\ \hline 30\times45 = & 1350 \\ -1\times45 = & -\quad 45 \\ \hline & 1305 \end{array}$$

2. $$\begin{array}{rr} & 98(100-2) \\ & \times\quad 43 \\ \hline 100\times43 = & 4300 \\ -2\times43 = & -\quad 86 \\ \hline & 4214 \end{array}$$

3. $$\begin{array}{rr} & 47 \\ & \times\quad 59(60-1) \\ \hline 60\times47 = & 2820 \\ -1\times47 = & -\quad 47 \\ \hline & 2773 \end{array}$$

4. $$\begin{array}{rr} & 68(70-2) \\ & \times\quad 38 \\ \hline 70\times38 = & 2660 \\ -2\times38 = & -\quad 76 \\ \hline & 2584 \end{array}$$

5. $$\begin{array}{rr} & 96(100-4) \\ & \times\quad 29 \\ \hline 100\times29 = & 2900 \\ -4\times29 = & -\quad 116 \\ \hline & 2784 \end{array} \quad \text{或者} \quad \begin{array}{rr} & 96 \\ & \times\quad 29(30-1) \\ \hline 30\times96 = & 2880 \\ -1\times96 = & -\quad 96 \\ \hline & 2784 \end{array}$$

6. $$\begin{array}{rr} & 79(80-1) \\ & \times\quad 54 \\ \hline 80\times54 = & 4320 \\ -1\times54 = & -\quad 54 \\ \hline & 4266 \end{array}$$

7. $$\begin{array}{rr} & 37 \\ & \times\quad 19(20-1) \\ \hline 20\times37 = & 740 \\ -1\times37 = & -\quad 37 \\ \hline & 703 \end{array}$$

8.

$$\begin{array}{rr} & 87\,(90-3) \\ & \times\ \ 22 \\ \hline 90\times22= & 1980 \\ -3\times22= & -\ \ 66 \\ \hline & 1914 \end{array}$$

9.

$$\begin{array}{rr} & 85 \\ & \times\ \ 38\,(40-2) \\ \hline 40\times85= & 3400 \\ -2\times85= & -\ \ 170 \\ \hline & 3230 \end{array}$$

10.

$$\begin{array}{rr} & 57 \\ & \times\ \ 39\,(40-1) \\ \hline 40\times57= & 2280 \\ -1\times57= & -\ \ 57 \\ \hline & 2223 \end{array}$$

11.

$$\begin{array}{rr} & 88 \\ & \times\ \ 49\,(50-1) \\ \hline 50\times88= & 4400 \\ -1\times88= & -\ \ 88 \\ \hline & 4312 \end{array}$$

两位数相乘的“分解法”（p63）

1. $27\times14=27\times7\times2=189\times2=378$
   或者 $14\times27=14\times9\times3=126\times3=378$
2. $86\times28=86\times7\times4=602\times4=2408$
3. $57\times14=57\times7\times2=399\times2=798$
4. $81\times48=81\times8\times6=648\times6=3888$
   或者 $48\times81=48\times9\times9=432\times9=3888$
5. $56\times29=29\times7\times8=203\times8=1624$
6. $83\times18=83\times6\times3=498\times3=1494$
7. $72\times17=17\times9\times8=153\times8=1224$
8. $85\times42=85\times6\times7=510\times7=3570$
9. $33\times16=33\times8\times2=264\times2=528$
   或者 $16\times33=16\times11\times3=176\times3=528$
10. $62\times77=62\times11\times7=682\times7=4774$

11. **45×36=45×6×6=270×6=1620**

或者 **45×36=45×9×4=405×4=1620**

或者 **36×45=36×9×5=324×5=1620**

或者 **36×45=36×5×9=180×9=1620**

12. **37×48=37×8×6=296×6=1776**

两位数相乘（p65~p66）

1.

$$\begin{array}{rr} & 53 \\ & \times\quad 39\,(40-1) \\ \hline 40\times53= & 2120 \\ -1\times53= & -\quad 53 \\ \hline & 2067 \end{array}$$

或者

$$\begin{array}{rr} & 53\,(50+3) \\ & \times\quad 39 \\ \hline 50\times39= & 1950 \\ 3\times39= & +\quad 117 \\ \hline & 2067 \end{array}$$

2.

$$\begin{array}{rr} & 81\,(80+1) \\ & \times\quad 57 \\ \hline 80\times57= & 4560 \\ 1\times57= & +\quad 57 \\ \hline & 4617 \end{array}$$

或者 $57\times81=57\times9\times9$
$=513\times9=4617$

3.

$$\begin{array}{r} 73 \\ \times\quad 18\,(9\times2) \\ \hline \end{array}$$

$73\times18=73\times9\times2=657\times2=1314$ 或者
$73\times18=73\times6\times3=438\times3=1314$

4.

$$\begin{array}{rr} & 89\,(90-1) \\ & \times\quad 55 \\ \hline 90\times55= & 4950 \\ -1\times55= & -\quad 55 \\ \hline & 4895 \end{array}$$

或者 $89\times55=89\times11\times5$
$=979\times5=4895$

5. $77 \times 36(4\times9)$

$77\times36 = 77\times4\times9 = 308\times9 = 2772$ 或者

$77\times36 = 77\times9\times4 = 693\times4 = 2772$

6.
$$\begin{array}{rr} & 92 \\ & \times\ \ 53(50+3) \\ \hline 50\times92 = & 4600 \\ 3\times92 = & +\ 276 \\ \hline & 4876 \end{array}$$

7. 87^2 $\xrightarrow{+3}$ 90, $\xrightarrow{-3}$ 84 → $7560+3^2=7569$

8.
$$\begin{array}{rr} & 67 \\ & \times\ \ 58(60-2) \\ \hline 60\times67 = & 4020 \\ -2\times67 = & -\ 134 \\ \hline & 3886 \end{array}$$

9. $56(8\times7) \times 37$

$37\times56=37\times8\times7=296\times7=2072$ 或者

$37\times56=37\times7\times8=259\times8=2072$

10.
$$\begin{array}{rr} & 59 \\ & \times\ \ 21(20+1) \\ \hline 20\times59 = & 1180 \\ 1\times59 = & +\ 59 \\ \hline & 1239 \end{array}$$

或者

$$\begin{array}{rr} & 59(60-1) \\ & \times\ \ 21 \\ \hline 60\times21 = & 1260 \\ -1\times21 = & -\ 21 \\ \hline & 1239 \end{array}$$

或者 $59\times21=59\times7\times3=413\times3=1239$

11. $37 \times 72(9\times8)$

$37\times9\times8=333\times8=2664$

12.
$$\begin{array}{rr} & 57 \\ & \times\ \ 73(70+3) \\ \hline 70\times57 = & 3990 \\ 3\times57 = & +\ 171 \\ \hline & 4161 \end{array}$$

13.
$$\begin{array}{r} 38 \\ \times\ 63(9\times7) \\ \hline \end{array}$$
$$38\times63=38\times9\times7=342\times7=2394$$

14.
$$\begin{array}{rr} & 43(40+3) \\ & \times\ \ 76 \\ \hline 40\times76= & 3040 \\ 3\times76= & +\ \ 228 \\ \hline & 3268 \end{array}$$

15.
$$\begin{array}{r} 43 \\ \times\ 75(5\times5\times3) \\ \hline \end{array}$$
$$43\times75=43\times5\times5\times3=215\times5\times3=1075\times3=3225$$

16.
$$\begin{array}{rr} & 74 \\ & \times\ \ 62(60+2) \\ \hline 60\times74= & 4440 \\ 2\times74= & +\ \ 148 \\ \hline & 4588 \end{array}$$

17.
$$\begin{array}{rr} & 61(60+1) \\ & \times\ \ 37 \\ \hline 60\times37= & 2220 \\ 1\times37= & +\ \ 37 \\ \hline & 2257 \end{array}$$

18.
$$\begin{array}{r} 36(6\times6) \\ \times\ 41 \\ \hline \end{array}$$
$$41\times36=41\times6\times6=246\times6=1476$$

19.
$$\begin{array}{r} 54(9\times6) \\ \times\ 53 \\ \hline \end{array}$$
$$54\times53=53\times9\times6=477\times6=2862$$

20.
$$53^2 \xrightarrow{+3} 56,\quad 53^2 \xrightarrow{-3} 50;\quad 56\times50 \rightarrow 2800+3^2=2809$$

21.
$$\begin{array}{rr} & 83(80+3) \\ & \times\ \ 58 \\ \hline 80\times58= & 4640 \\ 3\times58= & +\ \ 174 \\ \hline & 4814 \end{array}$$

22.
$$\begin{array}{rr} & 91(90+1) \\ & \times\ \ 46 \\ \hline 90\times46= & 4140 \\ 1\times46= & +\ \ 46 \\ \hline & 4186 \end{array}$$

23.

$$\begin{array}{rr} & 52\,(50+2) \\ & \times \quad 47 \\ \hline 50\times47= & 2350 \\ 2\times47= & +\quad 94 \\ \hline & 2444 \end{array}$$

24.

$$\begin{array}{rr} & 29\,(30-1) \\ & \times \quad 26 \\ \hline 30\times26= & 780 \\ -1\times26= & -\quad 26 \\ \hline & 754 \end{array}$$

25.

$$\begin{array}{r} 41 \\ \times \quad 15\,(5\times3) \\ \hline \end{array}$$

$$\begin{aligned} 41\times15 &= 41\times5\times3 \\ &= 205\times3=615 \end{aligned}$$

26.

$$\begin{array}{rr} & 65 \\ & \times \quad 19\,(20-1) \\ \hline 20\times65= & 1300 \\ -1\times65= & -\quad 65 \\ \hline & 1235 \end{array}$$

27.

$$\begin{array}{r} 34 \\ \times \quad 27\,(9\times3) \\ \hline \end{array}$$

$$\begin{aligned} 34\times27 &= 34\times9\times3 \\ &= 306\times3=918 \end{aligned}$$

28.

$$\begin{array}{rr} & 69\,(70-1) \\ & \times \quad 78 \\ \hline 70\times78= & 5460 \\ -1\times78= & -\quad 78 \\ \hline & 5382 \end{array}$$

29.

$$\begin{array}{r} 95 \\ \times \quad 81\,(9\times9) \\ \hline \end{array}$$

$$\begin{aligned} 95\times81 &= 95\times9\times9 \\ &= 855\times9=7695 \end{aligned}$$

30.

$$\begin{array}{rr} & 65\,(60+5) \\ & \times \quad 47 \\ \hline 60\times47= & 2820 \\ 5\times47= & +\quad 235 \\ \hline & 3055 \end{array}$$

31.

$$\begin{array}{rr} & 65 \\ & \times \quad 69\,(70-1) \\ \hline 70\times65= & 4550 \\ -1\times65= & -\quad 65 \\ \hline & 4485 \end{array}$$

32.

$$\begin{array}{rr} & 95 \\ & \times \quad 26\,(20+6) \\ \hline 20\times95= & 1900 \\ 6\times95= & +\quad 570 \\ \hline & 2470 \end{array}$$

33.

$$\begin{array}{rr} & 41\,(40+1) \\ & \times\quad 93 \\ \hline 40\times 93= & 3720 \\ 1\times 93= & +\quad 93 \\ \hline & 3813 \end{array}$$

三位数的平方运算（p72）

1. 409^2：$+9 \rightarrow 418$，$-9 \rightarrow 400$ → $167{,}200+9^2=167{,}281$

2. 805^2：$+5 \rightarrow 810$，$-5 \rightarrow 800$ → $648{,}000+5^2=648{,}025$

3. 217^2：$+17 \rightarrow 234$，$-17 \rightarrow 200$ → $46{,}800+17^2=47{,}089$

   17^2：$+3 \rightarrow 20$，$-3 \rightarrow 14$ → $280+3^2=289$

4. 896^2：$+4 \rightarrow 900$，$-4 \rightarrow 892$ → $802{,}800+4^2=802{,}816$

5. 345^2：$+45 \rightarrow 390$，$-45 \rightarrow 300$ → $117{,}000+45^2=119{,}025$

   45^2：$+5 \rightarrow 50$，$-5 \rightarrow 40$ → $2{,}000+5^2=2025$

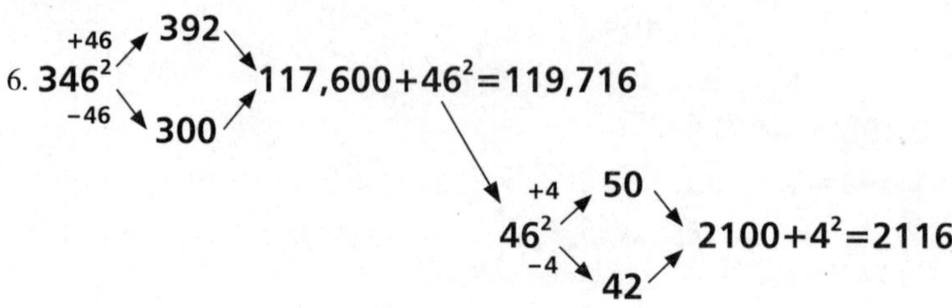
6. 346²
+46
392
−46
300
117,600+46²=119,716
46²
+4
50
−4
42
2100+4²=2116

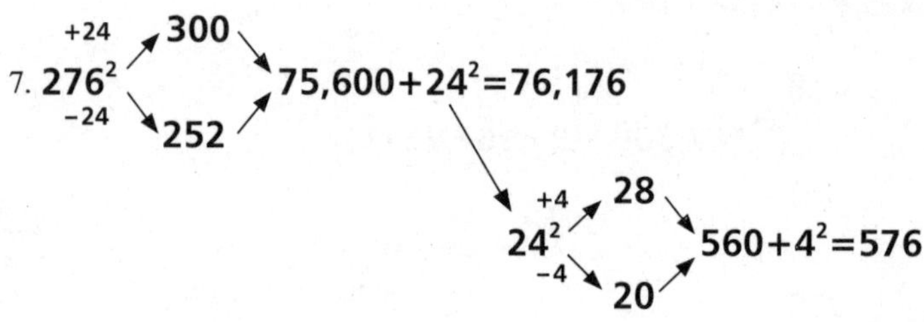
7. 276²
+24
300
−24
252
75,600+24²=76,176
24²
+4
28
−4
20
560+4²=576

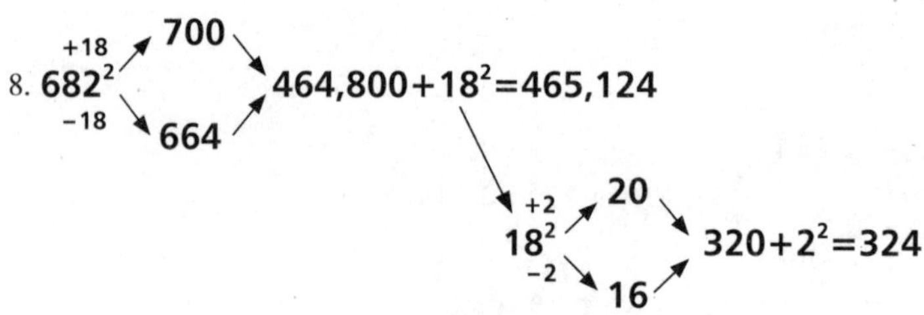
8. 682²
+18
700
−18
664
464,800+18²=465,124
18²
+2
20
−2
16
320+2²=324

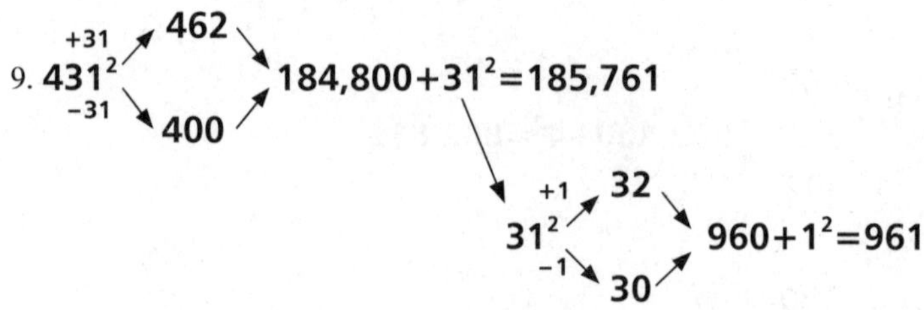
9. 431²
+31
462
−31
400
184,800+31²=185,761
31²
+1
32
−1
30
960+1²=961

10. 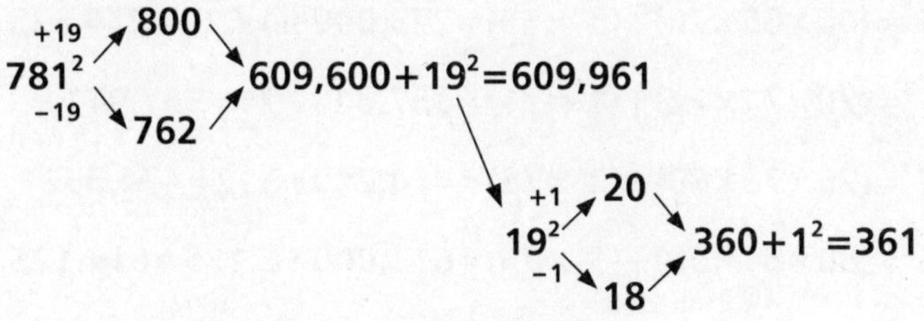 781^2 (+19 → 800; −19 → 762) → $609{,}600+19^2=609{,}961$

19^2 (+1 → 20; −1 → 18) → $360+1^2=361$

11. 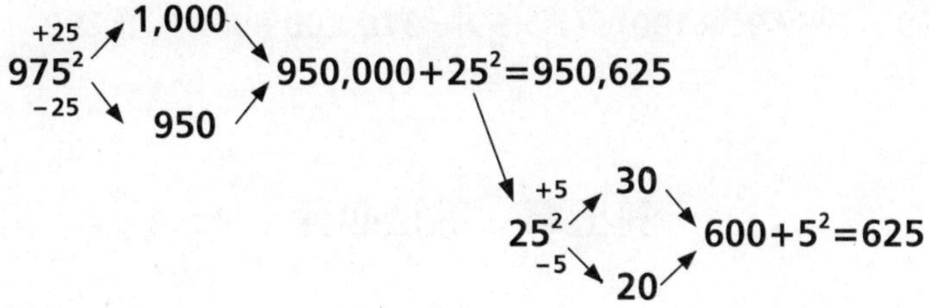 975^2 (+25 → 1,000; −25 → 950) → $950{,}000+25^2=950{,}625$

25^2 (+5 → 30; −5 → 20) → $600+5^2=625$

两位数立方运算（p74）

1. $12^3=(10\times12\times14)+(2^2\times12)=1680+48=1728$

2. $17^3=(14\times17\times20)+(3^2\times17)=4760+153=4913$

3. $21^3=(20\times21\times22)+(1^2\times21)=9240+21=9261$

4. $28^3=(26\times28\times30)+(2^2\times28)=21{,}840+112=21{,}952$

5. $33^3=(30\times33\times36)+(3^2\times33)=35{,}640+297=35{,}937$

6. $39^3=(38\times39\times40)+(1^2\times39)=59{,}280+39=59{,}319$

7. $40^3=40\times40\times40=64{,}000$

8. $44^3=(40\times44\times48)+(4^2\times44)=84{,}480+704=85{,}184$

9. $52^3=(50\times52\times54)+(2^2\times52)=140{,}400+208=140{,}608$

10. $56^3=(52\times56\times60)+(4^2\times56)=174{,}720+896=175{,}616$

11. $65^3=(60\times65\times70)+(5^2\times65)=273{,}000+1{,}625=274{,}625$

12. $71^3=(70\times71\times72)+(1^2\times71)=357{,}840+71=357{,}911$

13. $78^3=(76\times78\times80)+(2^2\times78)=474{,}240+312=474{,}552$

14. $85^3=(80\times85\times90)+(5^2\times85)=612{,}000+2{,}125=614{,}125$

15. $87^3=(84\times87\times90)+(3^2\times87)=657{,}720+783=658{,}503$

16. $99^3=(98\times99\times100)+(1^2\times99)=970{,}200+99=970{,}299$

第五章　除法心算

除数为一位数的除法运算（p79）

1.
$35\frac{3}{9}$
$9\overline{)318}$
-27
48
-45
3

2.
$145\frac{1}{5}$
$5\overline{)726}$
-5
22
-20
26
-25
1

3.
$61\frac{1}{7}$
$7\overline{)428}$
-42
8
-7
1

4.
$36\frac{1}{8}$
$8\overline{)289}$
-24
49
-48
1

5.
$442\frac{2}{3}$
$3\overline{)1328}$
-12
12
-12
8
-6
2

6.
$695\frac{2}{4}$
$4\overline{)2782}$
-24
38
-36
22
-20
2

除数为两位数的除法心算（p88）

1.
$$\begin{array}{r} 43\frac{7}{17} \\ 17\overline{)738} \\ -\ 68 \\ \hline 58 \\ -\ 51 \\ \hline 7 \end{array}$$

2.
$$\begin{array}{r} 24\frac{15}{24} \\ 24\overline{)591} \\ -\ 48 \\ \hline 111 \\ -\ 96 \\ \hline 15 \end{array}$$

3.
$$\begin{array}{r} 4\frac{5}{79} \\ 79\overline{)321} \\ -\ 316 \\ \hline 5 \end{array}$$

4.
$$\begin{array}{r} 152\frac{12}{28} \\ 28\overline{)4268} \\ -\ 28 \\ \hline 146 \\ -\ 140 \\ \hline 68 \\ -\ 56 \\ \hline 12 \end{array}$$

5.
$$\begin{array}{r} 655\frac{9}{11} \\ 11\overline{)7214} \\ -\ 66 \\ \hline 61 \\ -\ 55 \\ \hline 64 \\ -\ 55 \\ \hline 9 \end{array}$$

6.
$$\begin{array}{r} 170\frac{14}{18} \\ 18\overline{)3074} \\ -\ 18 \\ \hline 127 \\ -\ 126 \\ \hline 14 \end{array}$$

分数变小数（p93）

1. $\frac{2}{5}=0.40$
2. $\frac{4}{7}=0.\overline{571428}$
3. $\frac{3}{8}=0.375$
4. $\frac{9}{12}=0.75$
5. $\frac{5}{12}=0.41\overline{66}$
6. $\frac{6}{11}=0.\overline{54}$
7. $\frac{14}{24}=0.58\overline{33}$
8. $\frac{13}{27}=0.\overline{481}$
9. $\frac{18}{48}=0.375$
10. $\frac{10}{14}=0.\overline{714285}$
11. $\frac{6}{32}=0.1875$
12. $\frac{19}{45}=0.4\overline{22}$

整除判断（p96~p97）

被 2 整除

1. **53,428**
能够

2. **293**
不能够

3. **7241**
不能够

4. **9846**
能够

被 4 整除

5. **3932**
能够

6. **67,348**
能够

7. **358**
不能够

8. **57,929**
不能够

被 8 整除

9. **59,366**
不能够

10. **73,488**
能够

11. **248**
能够

12. **6111**
不能够

被 3 整除

13. **83,671**
不能够：8+3+6+7+1=25

14. **94,737**
能够：9+4+7+3+7=30

15. **7359**
能够：7+3+5+9=24

16. **3,267,486**
能够：3+2+6+7+4+8+6=36

被 6 整除

17. **5334**
能够：5+3+3+4=15

18. **67,386**
能够：6+7+3+8+6=30

19. **248**
不能够：2+4+8=14

20. **5991**
不能够：奇数

被 9 整除

21. **1234**

不能够：$1+2+3+4=10$

22. **8469**

能够：$8+4+6+9=27$

23. **4,425,575**

不能够：$4+4+2+5+5+7+5=32$

24. **314,159,265**

能够：$3+1+4+1+5+9+2+6+5=36$

被 5 整除

25. **47,830**

能够

26. **43,762**

不能够

27. **56,785**

能够

28. **37,210**

能够

被 11 整除

29. **53,867**

能够：$5-3+8-6+7=11$

30. **4969**

不能够：$4-9+6-9=-8$

31. **3828**

能够：$3-8+2-8=-11$

32. **941,369**

能够：$9-4+1-3+6-9=0$

被 7 整除

33. **5784**

不能够：$5784-7=5777$

$577-7=570$

57

34. **7336**

能够：$7336+14=7350$

$735-35=700$

7

35. **875**

能够：$875-35=840$

$84-14=70$

7

36. **1183**

能够：$1138+52=1190$

$119+21=140$

14

被 17 整除

37. **694**

不能够：$694-34=660$

66

38. **629**

能够：$629+51=680$

68

39. **8273**

不能够：$8273+17=8290$

$829+51=880$

88

40. **13,855**

能够：$13{,}855+85=13{,}940$

$1394-34=1360$

$136+34=170$

17

分数乘法（p98）

1. $\frac{6}{35}$ 2. $\frac{44}{63}$ 3. $\frac{18}{28}=\frac{9}{14}$ 4. $\frac{63}{80}$

分数除法（p98）

1. $\frac{4}{5}$ 2. $\frac{5}{18}$ 3. $\frac{10}{15}=\frac{2}{3}$

约分（p99）

1. $\frac{1}{3}=\frac{4}{12}$ 2. $\frac{5}{6}=\frac{10}{12}$ 3. $\frac{3}{4}=\frac{9}{12}$ 4. $\frac{5}{2}=\frac{30}{12}$

5. $\frac{8}{10}=\frac{4}{5}$　6. $\frac{6}{15}=\frac{2}{5}$　7. $\frac{24}{36}=\frac{2}{3}$　8. $\frac{20}{36}=\frac{5}{9}$

分数加法（分母相同）（p100）

1. $\frac{2}{9}+\frac{5}{9}=\frac{7}{9}$　2. $\frac{5}{12}+\frac{4}{12}=\frac{9}{12}=\frac{3}{4}$

3. $\frac{5}{18}+\frac{6}{18}=\frac{11}{18}$　4. $\frac{3}{10}+\frac{3}{10}=\frac{6}{10}=\frac{3}{5}$

分数加法（分母不同）（p100）

1. $\frac{1}{5}+\frac{1}{10}=\frac{2}{10}+\frac{1}{10}=\frac{3}{10}$

2. $\frac{1}{6}+\frac{5}{18}=\frac{3}{18}+\frac{5}{18}=\frac{8}{18}=\frac{4}{9}$

3. $\frac{1}{3}+\frac{1}{5}=\frac{5}{15}+\frac{3}{15}=\frac{8}{15}$　4. $\frac{2}{7}+\frac{5}{21}=\frac{6}{21}+\frac{5}{21}=\frac{11}{21}$

5. $\frac{2}{3}+\frac{3}{4}=\frac{8}{12}+\frac{9}{12}=\frac{17}{12}$　6. $\frac{3}{7}+\frac{3}{5}=\frac{15}{35}+\frac{21}{35}=\frac{36}{35}$

7. $\frac{2}{11}+\frac{5}{9}=\frac{18}{99}+\frac{55}{99}=\frac{73}{99}$

分数减法（p102）

1. $\frac{8}{11}-\frac{3}{11}=\frac{5}{11}$

2. $\frac{12}{7}-\frac{8}{7}=\frac{4}{7}$

3. $\frac{13}{18}-\frac{5}{18}=\frac{8}{18}=\frac{4}{9}$

4. $\frac{4}{5}-\frac{1}{15}=\frac{12}{15}-\frac{1}{15}=\frac{11}{15}$

5. $\frac{9}{10}-\frac{3}{5}=\frac{9}{10}-\frac{6}{10}=\frac{3}{10}$

6. $\frac{3}{4}-\frac{2}{3}=\frac{9}{12}-\frac{8}{12}=\frac{1}{12}$

7. $\frac{7}{8}-\frac{1}{16}=\frac{14}{16}-\frac{1}{16}=\frac{13}{16}$

8. $\frac{4}{7}-\frac{2}{5}=\frac{20}{35}-\frac{14}{35}=\frac{6}{35}$

9. $\frac{8}{9}-\frac{1}{2}=\frac{16}{18}-\frac{9}{18}=\frac{7}{18}$

第六章　估算的技巧

加法估算（p123~p124）

精确结果

1.
```
  1479
+ 1105
------
  2584
```

2.
```
  57,293
+ 37,421
--------
  94,714
```

3.
```
  312,025
+  79,419
---------
  391,444
```

4.
```
   8,971,011
+  4,016,367
------------
  12,987,378
```

估算结果

1.
```
  1500
+ 1100
------
  2600
```
或者
```
  1480
+ 1100
------
  2580
```

2.
```
  57,000
+ 37,000
--------
  94,000
```
或者
```
  57,300
+ 37,400
--------
  94,700
```

3.
```
  310,000      或者    312,000
+  80,000            +  79,000
---------            ---------
  390,000              391,000
```

4.
```
   9 百万      或者     8.9 百万      或者     8.97 百万
+  4 百万            + 4.0 百万            + 4.02 百万
---------            ----------            -----------
  13 百万             12.9 百万             12.99 百万
```

5. 精确结果　估算结果

精确结果	估算结果
2.67	2.50
1.95	2.00
7.35	7.50
9.21	9.00
0.49	0.50
11.21	11.00
0.12	0.00
6.14	6.00
+ 8.31	+ 8.50
47.45	47.00

减法估算（p124）

精确结果

1.
```
  4926
- 1659
------
  3267
```

2.
```
  67,221
-  9,874
--------
  57,347
```

3.
```
  526,978
-  42,009
---------
  484,969
```

4.
```
  8,349,241
- 6,103,839
-----------
  2,245,402
```

估算结果

1.
```
  4900
- 1700
------
  3200
```

2.
```
  67,000      或者    67.200
- 10,000            -  9,900
--------            --------
  57,000              57,300
```

3. $$\begin{array}{r} 530{,}000 \\ -\ 40{,}000 \\ \hline 490{,}000 \end{array}$$ 或者 $$\begin{array}{r} 527{,}000 \\ -\ 42{,}000 \\ \hline 485{,}000 \end{array}$$

4. $$\begin{array}{r} 8.3\ 百万 \\ -\ 6.1\ 百万 \\ \hline 2.2\ 百万 \end{array}$$ 或者 $$\begin{array}{r} 8.35\ 百万 \\ -\ 6.10\ 百万 \\ \hline 2.25\ 百万 \end{array}$$

除法估算（p124）

精确结果

1. $$\begin{array}{r} 625.57 \\ 7\overline{)4379} \end{array}$$

2. $$\begin{array}{r} 4{,}791.6 \\ 5\overline{)23{,}958} \end{array}$$

3. $$\begin{array}{r} 42{,}247.15 \\ 13\overline{)549{,}213} \end{array}$$

4. $$\begin{array}{r} 17{,}655.21 \\ 289\overline{)5{,}102{,}357} \end{array}$$

5. $$\begin{array}{r} 40.90 \\ 203{,}637\overline{)8{,}329{,}483} \end{array}$$

估算结果

1. $$\begin{array}{r} 630 \\ 7\overline{)4400} \end{array}$$

2. $$\begin{array}{r} 4{,}800 \\ 5\overline{)24{,}000} \end{array}$$

3. $$\begin{array}{r} 42{,}000 \\ 13\overline{)550{,}000} \end{array}$$

4. $$\approx 300\overline{)5{,}100{,}000} = \begin{array}{r} 17{,}000 \\ 3\overline{)51{,}000} \end{array}$$

5. $$\approx 200{,}000\overline{)8{,}000{,}000} = \begin{array}{r} 40 \\ 2\overline{)80} \end{array}$$

乘法估算（p125）

精确结果

1. $$\begin{array}{r} 98 \\ \times\ \ 27 \\ \hline 2646 \end{array}$$

2. $$\begin{array}{r} 76 \\ \times\ \ 42 \\ \hline 3192 \end{array}$$

3. $$\begin{array}{r} 88 \\ \times\ \ 88 \\ \hline 7744 \end{array}$$

4. $$\begin{array}{r} 539 \\ \times\ \ 17 \\ \hline 9163 \end{array}$$

5. $\begin{array}{r} 312 \\ \times\ 98 \\ \hline 30{,}576 \end{array}$
6. $\begin{array}{r} 639 \\ \times\ 107 \\ \hline 68{,}373 \end{array}$
7. $\begin{array}{r} 428 \\ \times\ 313 \\ \hline 133{,}964 \end{array}$
8. $\begin{array}{r} 51{,}276 \\ \times\ 489 \\ \hline 25{,}073{,}964 \end{array}$
9. $\begin{array}{r} 104{,}972 \\ \times\ 11{,}201 \\ \hline 1{,}175{,}791{,}372 \end{array}$
10. $\begin{array}{r} 5{,}462{,}741 \\ \times\ 203{,}413 \\ \hline 1{,}111{,}192{,}535{,}033 \end{array}$

估算结果

1. $\begin{array}{r} 100 \\ \times\ 25 \\ \hline 2500 \end{array}$
2. $\begin{array}{r} 78 \\ \times\ 40 \\ \hline 3120 \end{array}$
3. $\begin{array}{r} 90 \\ \times\ 86 \\ \hline 7740 \end{array}$
4. $\begin{array}{r} 540 \\ \times\ 17 \\ \hline 9180 \end{array}$
5. $\begin{array}{r} 310 \\ \times\ 100 \\ \hline 31{,}000 \end{array}$
6. $\begin{array}{r} 646 \\ \times\ 100 \\ \hline 64{,}600 \end{array}$ 或者 $\begin{array}{r} 640 \\ \times\ 110 \\ \hline 70{,}400 \end{array}$
7. $\begin{array}{r} 430 \\ \times\ 310 \\ \hline 133{,}300 \end{array}$
8. $\begin{array}{r} 51{,}000 \\ \times\ 490 \\ \hline 24{,}990{,}000 \end{array}$
9. $\begin{array}{r} 105{,}000 \\ \times\ 11{,}000 \\ \hline 1155\text{ 百万} \\ =1.155\text{ 千万} \end{array}$
10. $\begin{array}{r} 5{,}500{,}000 \\ \times\ 200{,}00 \\ \hline 1100\text{ 千万} \\ =1.1\text{ 亿} \end{array}$

平方根估算（p125）

精确结果(保留两位小数)

1. $\sqrt{17} = 4.12$
2. $\sqrt{35} = 5.91$
3. $\sqrt{163} = 12.76$
4. $\sqrt{4279} = 65.41$
5. $\sqrt{8039} = 89.66$

用除法和平均数法

1. $4\overline{)17}$ 商 4.2　$\dfrac{4+4.2}{2}=4.1$　2. $6\overline{)35}$ 商 5.8　$\dfrac{6+5.8}{2}=5.9$

3. $10\overline{)163}$ 商 16.3　$\dfrac{10+16.3}{2}=13.15$

4. $60\overline{)4279}$ 商 71　$\dfrac{60+71}{2}=65.5$

5. $90\overline{)8039}$ 商 89　$\dfrac{90+89}{2}=89.5$

日常数学估算（p125~p126）

1. 8.80+4.40=13.20（元）

2. 5.30+2.65=7.95（元）

3. 74÷2÷2=37÷2=18.50（元）

4. 70÷10=7，7 年翻一番。

5. 70÷6=11.67，12 年翻一番。

6. 110÷7=15.714，16 年翻一番。

7. 70÷7=10，10 年翻一番，另 10 年再翻一番，所以共需 20 年。

8. $M=\dfrac{100{,}000\times0.0075\times1.0075^{120}}{1.0075^{120}-1}=\dfrac{750\times2.451}{1.451}=1267$(元)

9. $M=\dfrac{30{,}000\times0.004167\times1.004167^{42}}{1.004167^{42}-1}=\dfrac{125\times1.22}{0.22}=693$(元)

第七章　黑板数学：神笔妙算

长列数字相加（p148）

1.
$$\begin{array}{r}
672 \longrightarrow 6\\
1{,}367 \longrightarrow 8\\
107 \longrightarrow 8\\
7{,}845 \longrightarrow 6\\
358 \longrightarrow 7\\
210 \longrightarrow 3\\
+\quad 916 \longrightarrow 7\\
\hline
11{,}475 \longrightarrow 9
\end{array}$$

2.
$$\begin{array}{r}
21.56 \longrightarrow 5\\
19.38 \longrightarrow 3\\
211.02 \longrightarrow 6\\
9.16 \longrightarrow 7\\
26.17 \longrightarrow 7\\
+\quad 1.43 \longrightarrow 8\\
\hline
288.72 \longrightarrow 9
\end{array}$$

减法笔算（p149）

1.
$$\begin{array}{r}
75{,}423 \longrightarrow 3\\
-\ 46{,}298 \longrightarrow 2\\
\hline
29{,}125 \longrightarrow 1
\end{array}$$

2.
$$\begin{array}{r}
876{,}452 \longrightarrow 5\\
-\ 593{,}876 \longrightarrow 2\\
\hline
282{,}576 \longrightarrow 3
\end{array}$$

3.
$$\begin{array}{r}
3{,}249{,}202 \longrightarrow 4\\
-\ 2{,}903{,}445 \longrightarrow 9\\
\hline
345{,}757 \longrightarrow 4
\end{array}$$

4.
$$\begin{array}{r}
45{,}394{,}358 \longrightarrow 5\\
-\ 36{,}472{,}659 \longrightarrow 6\\
\hline
8{,}921{,}699 \longrightarrow 8
\end{array}$$

平方根笔算（p149）

1.
$$\begin{array}{rl}
 & 3.\ 8\ \ 7\\
 & \sqrt{15.0000}\\
3^2= & 9\\
\hline
 & 6\ 00\\
6\underline{8}\times\underline{8}= & 5\ 44\\
\hline
 & 5600\\
76\underline{7}\times\underline{7}= & 5369
\end{array}$$

2.
$$\begin{array}{rr}
 & 2\ \ 2.\ \ 4\ \ 0\\
 & \sqrt{502.0000}\\
2^2= & 4\\
\hline
 & 102\\
4\underline{2}\times\underline{2}= & 84\\
\hline
 & 18\ 00\\
44\underline{4}\times\underline{4}= & 17\ 76\\
\hline
 & 2400\\
448\underline{0}\times\underline{0}= & 0
\end{array}$$

3.

$$
\begin{array}{rl}
 & \quad 2\ \ 0.\ 9\ \ 5 \\
 & \sqrt{439.2000} \\
2^2= & 4 \\
\hline
 & 39 \\
4\underline{2}\times\underline{0}= & 0 \\
\hline
 & 3920 \\
40\underline{9}\times\underline{9}= & 3681 \\
\hline
 & 23900 \\
418\underline{5}\times\underline{5}= & 20925
\end{array}
$$

4.

$$
\begin{array}{rl}
 & \quad 1\ \ 9.00 \\
 & \sqrt{361.00} \\
1^2= & 1 \\
\hline
 & 261 \\
2\underline{9}\times\underline{9}= & 261 \\
\hline
 & 0
\end{array}
$$

乘法笔算（p150）

1.

$$
\begin{array}{rcl}
54 & \longrightarrow & 9 \\
\times\ \ 37 & \longrightarrow & 1 \\
\hline
1998 & \longrightarrow & 9
\end{array}
$$

2.

$$
\begin{array}{rcl}
273 & \longrightarrow & 3 \\
\times\ \ 217 & \longrightarrow & 1 \\
\hline
59{,}241 & \longrightarrow & 3
\end{array}
$$

3.

$$
\begin{array}{rcl}
725 & \longrightarrow & 5 \\
\times\ \ 609 & \longrightarrow & 6 \\
\hline
441{,}525 & \longrightarrow & 3
\end{array}
$$

4.

$$
\begin{array}{rcl}
3{,}309 & \longrightarrow & 6 \\
\times\ \ 2{,}868 & \longrightarrow & 6 \\
\hline
9{,}490{,}212 & \longrightarrow & 9
\end{array}
$$

5.

$$
\begin{array}{rcl}
52{,}819 & \longrightarrow & 7 \\
\times\ \ 47{,}820 & \longrightarrow & 3 \\
\hline
2{,}525{,}804{,}580 & \longrightarrow & 3
\end{array}
$$

6.

$$
\begin{array}{rcl}
3{,}923{,}759 & \longrightarrow & 2 \\
\times\ \ 2{,}674{,}093 & \longrightarrow & 4 \\
\hline
10{,}492{,}496{,}475{,}587 & \longrightarrow & 8
\end{array}
$$

第九章　由难变易：高级乘法运算

四位数的平方（p170）

1.

$$
\begin{array}{ccccc}
 & \overset{+234}{\nearrow} & 1{,}468 & \searrow & \text{“Reach off”} \\
1{,}234^2 & & & & 1{,}468{,}000 \\
 & \underset{-234}{\searrow} & 1{,}000 & \nearrow & +\ \ \ 54{,}756\ (234^2) \\
 & & & & \overline{1{,}522{,}756}
\end{array}
$$

$$
\leftarrow
\begin{array}{ccccc}
 & \overset{+34}{\nearrow} & 268 & \searrow & \\
234^2 & & & & 53{,}600 \\
 & \underset{-34}{\searrow} & 200 & \nearrow & +\ \ 1{,}156\ (34^2) \\
 & & & & \overline{54{,}756}
\end{array}
$$

2. "Lesson"

$$8{,}639^2 \quad (+361 \to 9{,}000;\ -361 \to 8{,}278)$$

$$\begin{array}{r} 74{,}502{,}000 \\ +\quad 130{,}321\ (361^2) \\ \hline 74{,}632{,}321 \end{array} \qquad \leftarrow 361^2 \quad (+39 \to 400;\ -39 \to 322) \qquad \begin{array}{r} 128{,}800 \\ +\quad 1{,}521\ (39^2) \\ \hline 130{,}321 \end{array}$$

3. "Tons"

$$5{,}312^2 \quad (+312 \to 5{,}624;\ -312 \to 5{,}000)$$

$$\begin{array}{r} 28{,}120{,}000 \\ +\quad 97{,}344\ (312^2) \\ \hline 28{,}217{,}344 \end{array} \qquad \leftarrow 312^2 \quad (+12 \to 324;\ -12 \to 300) \qquad \begin{array}{r} 97{,}200 \\ +\quad 144\ (12^2) \\ \hline 97{,}344 \end{array}$$

4. "Nachos"

$$9{,}863^2 \quad (+137 \to 10{,}000;\ -137 \to 9{,}726)$$

$$\begin{array}{r} 97{,}260{,}000 \\ +\quad 18{,}769\ (137^2) \\ \hline 97{,}278{,}769 \end{array} \qquad \leftarrow 137^2 \quad (+37 \to 174;\ -37 \to 100) \qquad \begin{array}{r} 17{,}400 \\ +\ 1{,}369\ (37^2) \\ \hline 18{,}769 \end{array}$$

5. "Prayer"

$$3{,}618^2 \quad (+382 \to 4{,}000;\ -382 \to 3{,}236)$$

$$\begin{array}{r} 12{,}944{,}000 \\ +\quad 145{,}924\ (382^2) \\ \hline 13{,}089{,}924 \end{array} \qquad \leftarrow 382^2 \quad (+18 \to 400;\ -18 \to 364) \qquad \begin{array}{r} 145{,}600 \\ +\quad 324\ (18^2) \\ \hline 145{,}924 \end{array}$$

6.

$$2{,}971^2 \quad (+29 \to 3{,}000;\ -29 \to 2{,}942)$$

$$\begin{array}{r} 8{,}826{,}000 \\ +\quad 841\ (29^2) \\ \hline 8{,}826{,}841 \end{array}$$

采用分解法、加法方法或减法方法心算下列乘法（p177~p178）

1.

$$\begin{array}{r} 858 \\ \times\ 15\,(5\times3) \\ \hline \end{array}$$

$$858\times15=858\times5\times3$$
$$=4{,}290\times3=12{,}870$$

2.

$$\begin{array}{rr} & 796\,(800-4) \\ & \times\quad 19 \\ \hline 800\times19= & 15{,}200 \\ -4\times19= & -\quad 76 \\ \hline & 15{,}124 \end{array}$$

3.

$$\begin{array}{rr} & 148 \\ & \times\quad 62\,(60+2) \\ \hline 148\times60= & 8{,}880 \\ 148\times2= & +\ 296 \\ \hline & 9{,}176 \end{array}$$

或者

$$\begin{array}{r} 148\,(74\times2) \\ \times\ 62 \\ \hline \end{array}$$

$$62\times148=62\times74\times2$$
$$=4{,}588\times2=9{,}176$$

4.

$$\begin{array}{r} 773 \\ \times\ 42\,(7\times6) \\ \hline \end{array}$$

$$773\times42=773\times7\times6$$
$$=5{,}411\times6=32{,}466$$

5.

$$\begin{array}{rr} & 906\,(900+6) \\ & \times\quad 46 \\ \hline 900\times46= & 41{,}400 \\ 6\times46= & +\ 276 \\ \hline & 41{,}676 \end{array}$$

6.

$$\begin{array}{rr} & 952\,(950+2) \\ & \times\quad 26 \\ \hline 950\times26= & 24{,}700 \\ 2\times26= & +\quad 52 \\ \hline & 24{,}752 \end{array}$$

7.

$$\begin{array}{rr} & 411\,(410+1) \\ & \times\quad 93 \\ \hline 410\times93= & 38{,}130 \\ 1\times93= & +\quad 93 \\ \hline & 38{,}223 \end{array}$$

8.

$$\begin{array}{rr} & 967 \\ & \times\quad 51\,(50+1) \\ \hline 50\times967= & 48{,}350 \\ 1\times967= & +\ 967 \\ \hline & 49{,}317 \end{array}$$

9.

$$\begin{array}{r} 484 \\ \times\ 75\,(5\times5\times3) \\ \hline \end{array}$$

$$484\times75=484\times5\times5\times3$$
$$=2{,}420\times5\times3$$
$$=12{,}100\times3=36{,}300$$

10.

$$\begin{array}{r} 126(9\times7\times2) \\ \times\ 87 \\ \hline \end{array}$$

$$\begin{aligned} 87\times126 &= 87\times9\times7\times2 \\ &= 783\times7\times2 \\ &= 5{,}481\times2=10{,}962 \end{aligned}$$

11.

$$\begin{array}{r} 157 \\ \times\ 33(11\times3) \\ \hline \end{array}$$

$$\begin{aligned} 157\times33 &= 157\times11\times3 \\ &= 1727\times3=5181 \end{aligned}$$

12.

$$\begin{array}{rr} & 616(610+6) \\ & \times\quad 37 \\ \hline 610\times37= & 22{,}570 \\ 6\times37= & +\quad 222 \\ \hline & 22{,}792 \end{array}$$

13.

$$\begin{array}{r} 841 \\ \times\ 72(9\times8) \\ \hline \end{array}$$

$$\begin{aligned} 841\times72 &= 841\times9\times8 \\ &= 7{,}569\times8 \\ &= 60{,}552 \end{aligned}$$

14.

$$\begin{array}{rr} & 361(360+1) \\ & \times\quad 41 \\ \hline 360\times41= & 14{,}760 \\ 1\times41= & +\quad 41 \\ \hline & 14{,}801 \end{array}$$

15.

$$\begin{array}{rr} & 218 \\ & \times\quad 68(70-2) \\ \hline 70\times218= & 15{,}260 \\ -2\times218= & -\quad 436 \\ \hline & 14{,}824 \end{array}$$

16.

$$\begin{array}{rr} & 538(540-2) \\ & \times\quad 53 \\ \hline 540\times53= & 28{,}620 \\ -2\times53= & -\quad 106 \\ \hline & 28{,}514 \end{array}$$

或者

$$\begin{array}{rr} & 538(530+8) \\ & \times\quad 53 \\ \hline 530\times53= & 28{,}090 \\ 8\times53= & +\quad 424 \\ \hline & 28{,}514 \end{array}$$

17.
$$\begin{array}{rr} & 817 \\ \times & 61\,(60+1) \\ \hline 60\times817= & 49{,}020 \\ 1\times817= & +\ \ 817 \\ \hline & 49{,}837 \end{array}$$

18.
$$\begin{array}{r} 668 \\ \times\ 63\,(9\times7) \\ \hline \end{array}$$
$$668\times63=668\times9\times7$$
$$=6{,}012\times7=42{,}084$$

19.
$$\begin{array}{rr} & 499\,(500-1) \\ \times & 25 \\ \hline 500\times25= & 12{,}500 \\ -1\times25= & -\ \ 25 \\ \hline & 12{,}475 \end{array}$$

20.
$$\begin{array}{r} 144 \\ \times\ 56\,(7\times8) \\ \hline \end{array}$$
$$144\times56=144\times7\times8$$
$$=1008\times8=8064$$

21.
$$\begin{array}{r} 281 \\ \times\ 44\,(11\times4) \\ \hline \end{array}$$
$$281\times44=281\times11\times4$$
$$=3{,}091\times4=12{,}364$$

或者

$$\begin{array}{rr} & 281\,(280+1) \\ \times & 44 \\ \hline 280\times44= & 12{,}320 \\ 1\times44= & +\ \ 44 \\ \hline & 12{,}364 \end{array}$$

22.
$$\begin{array}{rr} & 988\,(1000-12) \\ \times & 22 \\ \hline 1000\times22= & 22{,}000 \\ -12\times22= & -\ \ 264 \\ \hline & 21{,}736 \end{array}$$

23.
$$\begin{array}{r} 383 \\ \times\ 49\,(7\times7) \\ \hline \end{array}$$
$$383\times49=383\times7\times7$$
$$=2{,}681\times7=18{,}767$$

24.
$$\begin{array}{rr} & 589\,(600-11) \\ \times & 87 \\ \hline 600\times87= & 52{,}200 \\ -11\times87= & -\ \ 957 \\ \hline & 51{,}243 \end{array}$$

25.
$$\begin{array}{r} 286 \\ \times\ 64\,(8\times8) \\ \hline \end{array}$$
$$286\times64=286\times8\times8$$
$$=2{,}288\times8=18{,}304$$

26.

$$\begin{array}{r} 853 \\ \times \quad 32(8\times4) \\ \hline \end{array}$$

853×32=853×8×4
=6,824×4=27,296

27.

$$\begin{array}{r} 878 \\ \times \quad 24(8\times3) \\ \hline \end{array}$$

878×24=878×8×3
=7,024×3=21,072

28.

$$\begin{array}{r} 423(47\times9) \\ \times \quad 65 \\ \hline \end{array}$$

65×423=65×47×9
=3,055×9=27,495

29.

$$\begin{array}{r} 154(11\times14) \\ \times \quad 19 \\ \hline \end{array}$$

19×154=19×11×14
=209×7×2
=1463×2=2926

30.

$$\begin{array}{rr} & 834(800+34) \\ & \times \quad 34 \\ \hline 800\times34= & 27,200 \\ 34\times34= & +\ 1,156 \\ \hline & 28,356 \end{array}$$

31.

$$\begin{array}{r} 545 \\ \times \quad 27(9\times3) \\ \hline \end{array}$$

545×27=545×9×3
=4,905×3
=14,715

32.

$$\begin{array}{rr} & 653(650+3) \\ & \times \quad 69 \\ \hline 650\times69= & 44,850 \\ 3\times69= & +\quad 207 \\ \hline & 45,057 \end{array}$$

33.

$$\begin{array}{r} 216(6\times6\times6) \\ \times \quad 78 \\ \hline \end{array}$$

216×78=78×6×6×6
=468×6×6
=2,808×6=16,848

34.

$$\begin{array}{rr} & 822 \\ & \times \quad 95(100-5) \\ \hline 100\times822= & 82,200 \\ -5\times822= & -\ 4,110 \\ \hline & 78,090 \end{array}$$

五位数的平方（p182）

1. $45{,}795^2$

$$
\begin{array}{rl}
 & 795\,(800-5) \\
 & \times \quad 45 \\
\hline
800\times45= & 36{,}000 \\
-5\times45= & -\quad 225 \\
\hline
 & 35{,}775\times2{,}000=71{,}550{,}000 \ \text{“Lilies”}
\end{array}
$$

$$
\begin{array}{rr}
 & 71{,}550{,}000 \\
45{,}000^2= & +\ 2{,}025{,}000{,}000 \\
\hline
 & 2{,}096{,}550{,}000 \\
795^2= & +\quad 632{,}025 \\
\hline
 & 2{,}097{,}182{,}025
\end{array}
$$

$$795^2:\ +5 \rightarrow 800,\ -5 \rightarrow 790;\quad 632{,}000 + 25\,(5^2) = 632{,}025$$

2. $21{,}231^2$

$$
\begin{array}{r}
231 \\
\times \quad 21\,(7\times3) \\
\hline
\end{array}
$$

$$231\times7\times3=1{,}617\times3=4{,}851$$

$$
\begin{array}{rr}
 & \text{“Cousin”} \\
4{,}851\times2{,}000= & 9{,}702{,}000 \\
21{,}000^2= & +\ 441{,}000{,}000 \\
\hline
 & 450{,}702{,}000 \\
231^2= & +\quad 53{,}361 \\
\hline
 & 450{,}755{,}361
\end{array}
$$

$$231^2:\ +31 \rightarrow 262,\ -31 \rightarrow 200;\quad 52{,}400 + 961\,(31^2) = 53{,}361$$

3. $58,324^2$

$$
\begin{array}{r}
324\,(9\times6\times6) \\
\times \quad 58 \\
\hline
\end{array}
$$

$324\times58=58\times9\times6\times6=522\times6\times6$
$=3,132\times6=18,792$

"Liver"

$$
\begin{array}{rr}
18,792\times2,000= & 37,584,000 \\
58,000^2= + & 3,364,000,000 \\
\hline
 & 3,401,584,000 \\
324^2= + & 104,976 \\
\hline
 & 3,401,688,976
\end{array}
$$

324^2: $+24 \to 348$, $-24 \to 300$

$$
\begin{array}{rl}
104,400 & (348\times300) \\
+ \quad 576 & (24^2) \\
\hline
104,976 &
\end{array}
$$

4. $62,457^2$

$$
\begin{array}{rr}
 & 457 \\
 & \times \quad 62\,(60+2) \\
\hline
60\times457= & 27,420 \\
2\times457= + & 914 \\
\hline
\end{array}
$$

"judge off"

$28,334\times2,000=56,668,000$

$$
\begin{array}{rr}
 & 56,668,000 \\
62,000^2= + & 3,844,000,000 \\
\hline
 & 3,900,668,000 \\
457^2= + & 208,849 \\
\hline
 & 3,900,876,849
\end{array}
$$

457^2: $+43 \to 500$, $-43 \to 414$

$$
\begin{array}{rl}
207,000 & (500\times414) \\
+ \quad 1,849 & (43^2) \\
\hline
208,849 &
\end{array}
$$

5. $89{,}854^2$

$$
\begin{array}{rr}
 & 854 \\
 & \times \quad 89\,(90-1) \\
\hline
90\times 854= & 76{,}860 \\
-1\times 854= & -\quad 854 \\
\hline
 & 76{,}006\times 2{,}000=152{,}012{,}000
\end{array}
$$

"Stone"

$$
\begin{array}{rr}
 & 152{,}012{,}000 \\
89{,}000^2= & +\ 7{,}921{,}000{,}000 \\
\hline
 & 8{,}073{,}012{,}000 \\
854^2= & +\quad 729{,}316 \\
\hline
 & 8{,}073{,}741{,}316
\end{array}
$$

$$
854^2 \begin{cases} +46 & 900 \\ -46 & 808 \end{cases} \quad
\begin{array}{rl}
727{,}200 & (900\times 808) \\
+\ 2{,}116 & (46^2) \\
\hline
729{,}316 &
\end{array}
$$

6. $76{,}934^2$

$$
\begin{array}{rr}
 & 934\,(930+4) \\
 & \times \quad 76 \\
\hline
930\times 76= & 70{,}680 \\
4\times 76= & +\quad 304 \\
\hline
 & 70{,}984\times 2{,}000=141{,}968{,}000
\end{array}
$$

"Pie Chief"

$$
\begin{array}{rr}
 & 141{,}968{,}000 \\
76{,}000^2= & +\ 5{,}776{,}000{,}000 \\
\hline
 & 5{,}917{,}968{,}000 \\
934^2= & +\quad 872{,}356 \\
\hline
 & 5{,}918{,}840{,}356
\end{array}
$$

$$
934^2 \begin{cases} +34 & 968 \\ -34 & 900 \end{cases} \quad
\begin{array}{rl}
871{,}200 & (968\times 900) \\
+\ 1{,}156 & (34^2) \\
\hline
872{,}356 &
\end{array}
$$

三位数相乘（p194）

1.

$$\begin{array}{rr} & 644\,(640+4) \\ \times & 286 \\ \hline 640\times286= & 183{,}040\,(8\times8\times10) \\ 4\times200=+ & 800 \\ \hline & 183{,}840 \\ 4\times86=+ & 344 \\ \hline & 184{,}184 \end{array}$$

或者

$$\begin{array}{rr} & 644\,(7\times92) \\ \times & 286 \\ \hline \end{array}$$

$$\begin{aligned} 286\times644 &= 286\times7\times92 \\ &= 2{,}002\times92 \\ &= 184{,}184 \end{aligned}$$

2.

$$\begin{array}{rr} & 596\,(600-4) \\ \times & 167 \\ \hline 600\times167= & 100{,}200 \\ -4\times167=- & 668 \\ \hline & 99{,}532 \end{array}$$

3.

$$\begin{array}{rr} & 853 \\ \times & 325\,(320+5) \\ \hline 320\times853= & 272{,}960 \\ 5\times800=+ & 4{,}000 \\ \hline & 276{,}960 \\ 5\times53=+ & 265 \\ \hline & 277{,}225 \end{array}$$

4.

$$\begin{array}{rr} & 343\,(7\times7\times7) \\ \times & 226 \\ \hline \end{array}$$

$$\begin{aligned} 343\times226 &= 226\times7\times7\times7 \\ &= 1{,}582\times7\times7 \\ &= 11{,}074\times7 \\ &= 77{,}518 \end{aligned}$$

5.

$$\begin{array}{rr} & 809\,(800+9) \\ \times & 527 \\ \hline 800\times527= & 421{,}600 \\ 9\times527=+ & 4{,}743 \\ \hline & 426{,}343 \end{array}$$

6.

$$\begin{array}{rr} & 942\,(+42) \\ \times & 879\,(-21) \\ \hline 900\times921= & 828{,}900 \\ -21\times42=- & 882 \\ \hline & 828{,}018 \end{array}$$

7.

$$\begin{array}{rr} & 692\,(-8) \\ \times & 644\,(-56) \\ \hline 700\times636= & 445{,}200 \\ (-8)\times(-56)=+ & 448 \\ \hline & 445{,}648 \end{array}$$

8.

$$\begin{array}{r} 446 \\ \times\ 176(11\times8\times2) \\ \hline \end{array}$$

$$\begin{aligned} 446\times176 &= 446\times11\times8\times2 \\ &= 4{,}906\times8\times2 \\ &= 39{,}248\times2 \\ &= 78{,}496 \end{aligned}$$

9.

$$\begin{array}{r} 658(47\times7\times2) \\ \times\ 468(52\times9) \\ \hline \end{array}$$

$$\begin{aligned} 468\times658 &= 52\times47\times9\times7\times2 \\ &= 2{,}444\times9\times7\times2 \\ &= 21{,}996\times7\times2 \\ &= 153{,}972\times2 = 307{,}944 \end{aligned}$$

10.

$$\begin{array}{r} 273(91\times3) \\ \times\ 138(46\times3) \\ \hline \end{array}$$

$$\begin{aligned} 273\times138 &= 91\times46\times9 \\ &= 4{,}186\times9 \\ &= 37{,}674 \end{aligned}$$

11.

$$\begin{array}{rr} & 824(\div2) \\ & \times\ \ 206(\times2) \\ \hline 400\times424 = & 169{,}600 \\ 12\times12 = & +\ \ 144 \\ \hline & 169{,}744 \end{array}$$

12.

$$\begin{array}{r} 642(107\times6) \\ \times\ 249(83\times3) \\ \hline \end{array}$$

$$\begin{aligned} 642\times249 &= 107\times83\times18 \\ &= 8{,}881\times9\times2 \\ &= 79{,}929\times2 = 159{,}858 \end{aligned}$$

13.

$$\begin{array}{r} 783(87\times9) \\ \times\ 589 \\ \hline \end{array}$$

$$\begin{aligned} 589\times783 &= 589\times87\times9 \\ &= 51{,}243\times9 = 461{,}187 \end{aligned}$$

14.

$$\begin{array}{rr} & 871(-29) \\ & \times\ \ 926(+26) \\ \hline 900\times897 = & 807{,}300 \\ -29\times26 = & -\ \ 754 \\ \hline & 806{,}546 \end{array}$$

15.

$$\begin{array}{rr} & 341 \\ & \times\ 715 \\ \hline 7\times341 = & 2{,}387 \\ 3\times15 = & +\ \ 45 \\ \hline \end{array}$$

$$\begin{array}{rr} 2{,}432\times100 = & 243{,}200 \\ 41\times15 = & +\ \ 615 \\ \hline & 243{,}815 \end{array}$$

16.

```
                417
          ×     298(300-2)
300×417=  125,100
 -2×417=-     834
          124,266
```

17.

```
      557
   ×  756(9×84)

557×756=557×9×84
       =5,013×7×6×2
       =35,091×6×2
       =210,546×2=421,092
```

18.

```
                 976(1000-24)
           ×     878
878×1,000=  878,000
878×(-24)=-  21,072
            856,928
```

19.

```
      765
   ×  350(7×5×10)

765×350=765×7×5×10
       =5,355×5×10
       =26,775×10
       =267,750
```

20.

```
      154(11×14)
   ×  423(47×9)

154×423=47×11×9×14
       =517×9×7×2
       =4,653×2×7
       =9,306×7=65,142
```

21.

```
              545(109×5)
         ×    834
100×834=  83,400
  9×834=+  7,506
          90,906×5=454,530
```

22.

```
      216(6×6×6)
   ×  653

216×653=653×6×6×6
       =3,918×6×6
       =23,508×6=141,048
```

23.

```
               393(400-7)
         ×     822
400×822=  328,800
 -7×822=-   5,754
          323,046
```

五位数相乘（p200）

1.

$$
\begin{array}{r}
65,154 \\
\times\ 19,423 \\
\hline
\end{array}
$$

"Neck ripple"

$$
\begin{array}{rr}
423\times65 = & 27,495 \\
154\times19 = & +\ 2,926 \\
\hline
\end{array}
$$

"Mouse round"

$$
\begin{array}{rr}
30,421\times1,000 = & 30,421,000 \\
65\times19\times1\text{百万} = & +\ 1,235,000,000 \\
\hline
 & 1,265,421,000 \\
154\times423 = & +\ 65,142 \\
\hline
 & 1,265,486,142
\end{array}
$$

2.

$$
\begin{array}{r}
34,545 \\
\times\ 27,834 \\
\hline
\end{array}
$$

"Knife mulch"

$$
\begin{array}{rr}
834\times34 = & 28,356 \\
545\times27 = & +\ 14,715 \\
\hline
\end{array}
$$

"Room scout"

$$
\begin{array}{rr}
43,071\times1,000 = & 43,071,000 \\
34\times27\times1\text{百万} = & +\ 918,000,000 \\
\hline
 & 961,071,000 \\
834\times545 = & +\ 454,530 \\
\hline
 & 961,525,530
\end{array}
$$

3.
```
      69,216
   ×  78,653
```

```
               "Roll silk"
653×69 =     45,057
216×78 =  + 16,848                       "Shoot busily"
             61,905×1,000 =                 61,905,000
           69×78×1 百万 = +              5,382,000,000
                                         5,443,905,000
                 216×653 = +                  141,048
                                         5,444,046,048
```

4.
```
      95,393
   ×  81,822
```

```
               "Cave soups"
822×95 =       78,090
393×81 =  +    31,833                    "Toss-up Panama"
           109,923×1,000 =                 109,923,000
             95×81×1 百万 = +            7,695,000,000
                                         7,804,923,000
                 393×822 = +                  323,046
                                         7,805,246,046
```

第十章　其乐无穷：神奇的魔法数学

计算任意一天的星期数（p224）

1. 2007 年 1 月 19 日为星期五：**6+19+1=26; 26－21=5**

2. 2012 年 2 月 14 日为星期二：**1+14+1=16; 16－14=2**

3. 1993 年 6 月 20 日为星期日：**3+5+20=28; 28－28=0**

4. 1983 年 9 月 1 日为星期四：**4+1+6=11; 11－7=4**

5. 1954 年 9 月 8 日为星期三：**4+8+5=17; 17－14=3**

6. 1863 年 11 月 19 日为星期四：**2+19+4=25; 25－21=4**

7. 1776 年 7 月 4 日为星期四：**5+4+2=11; 11－7=4**

8. 2222 年 2 月 22 日为星期五：**2+22+2=26; 26－21=5**

9. 2468 年 6 月 31 日不存在（因为 6 月只有 30 天）！
   但是 2468 年 6 月 30 日为星期六，所以第二天是星期日。

10. 2358 年 1 月 1 日为星期三：**6+1+3=10; 10－7=3**

参考书目

速算类：

[1] 安·卡特勒，鲁道夫·麦克谢恩．撒切滕伯格基础数学速算体系[M]. 纽约：Doubleday 图书出版公司，1960

[2] 莎昆塔拉·戴维．计算：数字的乐趣[M]. 纽约：Basic Books 出版社，1964

[3] 罗纳德·W. 杜尔富勒．令人难以置信：不需要工具的计算[M]. 休斯顿：Gulf 出版公司，1993

[4] 斯科特·弗兰斯伯格，维多利亚·海．数学魔术[M]. 纽约：William Morrow and Co. 出版公司，1993

[5] 比尔·亨得利．速算数学：快速心算的秘密[M]. 澳大利亚昆士兰：Wrightbooks 出版社，2003

[6] 埃德华·H. 朱利叶斯．速算数学的诀窍与秘密：30 天成为数字大师[M]. 纽约：John Wiley & Sons 出版社，1992

[7] 杰瑞·卢卡斯．成为一个心算数学能手[M]. 弗吉尼亚州克罗塞特市：Shoe Tree 出版社，1991

[8] 卡尔 · 蒙宁格 . 计算大师的技巧 [M]. 纽约：Basic Books 出版社，1964

[9] 斯蒂文 · B. 史密斯 . 心算大师：古往今来计算天才的心理、方法与生活 [M]. 纽约：Columbia 大学出版社，1983

[10] 亨利 · 斯蒂克 . 如何快速计算 [M]. 纽约：Dover 出版社，1955

[11] 爱德华 · 斯托达德 . 简化的速算数学 [M]. 纽约：Dover 出版社，1994

[12] 贾嘎德古鲁·斯瓦米·巴拉提·克里什那·提尔萨 . 吠陀数学：'吠陀本集' 16 个简单的数学公式 [M]. 印度巴纳拉斯市：Hindu 大学出版社，1965

记忆类：

[1] 哈里 · 洛拉伊尼，杰瑞 · 卢卡斯 . 记忆手册 [M]. 纽约：Ballantine Books 出版社，1974

[2] 罗伯特 · 桑斯特罗姆 . 终极版记忆手册 [M]. 洛杉矶：Stepping Stone Books 出版社，1990

娱乐数学类：

[1] 马丁 · 加德纳 . 魔术与神秘 [M]. 纽约：Random House 出版社，1956

[2] 马丁 · 加德纳 . 数学狂欢节 [M]. 纽约：美国数学协会出版社，1965

[3] 马丁·加德纳．数学魔术表演 [M]. 纽约：Random House 出版社，1977

[4] 马丁·加德纳．意料之外的绞刑时间与其他数学转移 [M]. 纽约：Simon & Schuster 出版社，1969

[5] 达雷尔·胡夫．统计陷阱 [M]. 纽约：Norton 出版社，1954

[6] 约翰·艾伦·保罗斯．数学盲：数学文盲及后果 [M]. 纽约：Hill and Wang 出版社，1988

[7] 伊恩·斯图亚特．游戏、规则与数学：谜语与难题 [M]. 纽约：Penguin Books 出版社，1989

高等数学类：

[1] 亚瑟·本杰明，詹尼弗·J. 昆宁．有真正价值的证据：组合证据的艺术 [M]. 华盛顿特区：美国数学协会出版社，2003

[2] 亚瑟·本杰明，肯·亚苏达．真正的魔术“方格”[J]. 美国数学月刊，1992，106(2):152-156

索 引

第一章 简单而又非同寻常的速算法

一、乘法速算法（p1~p4）

二、平方心算及其他（p4~p8）

三、更实用的诀窍（计算小费）（p8）

四、提高你的记忆力（记忆数字的技巧）（p8~p9）

第二章 多退少补：自左至右的加减法心算法则

一、自左至右的加法运算（p10~p19）

1. 两位数的加法运算（p11~p13）

练习（p13）

2. 三位数的加法运算（p13~p19）

卡尔·弗里德里希·高斯：数学神童（p18~p19）

练习（p19）

二、自左至右的减法运算（p19~p26）

1. 两位数的减法运算（p19~p21）

练习（p21）

2. 三位数的减法运算（p22~p23）

3. 补足法（p23~p26）

练习（p26）

第三章 分配律：乘法心算的基本原则

一、两位数与一位数的乘法心算（p28~p33）

1. 取整法（p31~p32）

练习（p32~p33）

二、三位数与一位数的乘法心算（p33~p39）

练习（p39）

三、两位数平方的心算法（p40~p46）

练习（p44~p45）

泽拉·科尔伯恩：以心算为乐趣的快速心算大师（p45~p46）

四、为什么这些诀窍能起作用？（p46~p48）

第四章 新颖的乘法运算：间接相乘法

一、两位数与两位数的乘法心算（p50~p63）

1. 加法方法（p50~p55）

练习（p54~p55）

2. 减法方法（p55~p58）

练习（p58）

3. 分解法（p58~p63）

友好乘积数字表（p62~p63）

练习（p63）

二、乘法心算需要有创新精神（p64~p66）

练习（p65~p66）

三、三位数平方的心算（p66~p72）

1 号门后面是什么（p70~p71）

练习（p72）

四、立方的心算（p72~p74）

练习（p74）

第五章 除法心算

一、除数是一位数的除法心算（p75~p79）
练习（p79）
二、“拇指”法则（p79~p81）
三、除数是两位数的除法心算（p81~p88）
1. 除法运算题的简化（p85~p88）
练习（p88）
四、分数变小数（p88~p93）
练习（p93）
五、整除的判断（p93~p97）
练习（p96~p97）
六、分数的加、减、乘、除和约分（p97~p102）
1. 分数乘法（p97~p98）
练习（p98）
2. 分数除法（p98）
练习（p98）
3. 分数的约分（或简化）（p98~p99）
练习（p99）
4. 分数加法（p99~p100）
练习（p100）
5. 分数减法（p100~p102）
练习（p102）

第六章 估算的技巧

乔治·帕克·比德尔：速算工程师（p103~p104）
一、加法估算（p104~p106）
1. 估算在超市的应用（p106）
二、减法估算（p107）
三、除法估算（p107~p109）
四、乘法估算（p109~p112）
五、平方根的估算除法与平均数（p112~p116）
因决斗而陨落的数学天才巨星：埃瓦里斯特·伽罗瓦（p116~p117）
六、更多关于小费计算的秘诀（p117~p119）
七、相对简易的税率计算（p119~p121）
八、利率的计算（p121~p123）
估算练习（p123~p126）

第七章 黑板数学：神笔妙算

一、长列数字的相加（p127~p128）
二、“模总和”查错法（p128~p130）
三、减法的笔算（p130~p131）
四、平方根的笔算（p131~p134）
五、乘法的笔算（p134~p144）
莎昆塔拉·戴维：世界上最聪明的女人（p143~p144）
六、舍 11 余数法（或者除 11 法）（p144~p148）
笔算数学练习（p148~p150）

第八章 难忘的一章：数字的记忆

一、记忆术的使用（p151~p152）
二、语音代码（p152~p160）
1. 数字的单词清单（p155~p160）
神奇的记忆大师：亚历山大·克莱格·艾特肯（p159~p160）
三、使心算更轻松（p161~p162）
四、记忆魔法（p162~p163）

第九章 由难变易：高级乘法运算

一、四位数的平方心算（p165~p170）
托马斯·富勒：博学的人是大傻瓜（p169~p170）
练习（p170）
二、三位数与两位数的乘法运算（p170~p178）
1. 分解法（p171~p173）
2. 加法方法（p173~p175）

3. 减法方法（p175~p178）
练习（p177~p178）
三、五位数的平方运算（p178~p182）
练习（p182）
四、三位数之间的乘法运算（p182~p194）
1. 分解法（p182~p184）
2. 接近法（p184~p189）
3. 加法方法（p189~p191）
4. 减法方法（p192）
5. 万能法（p192~p194）
练习（p194）
五、五位数相乘的乘法运算（p194~p200）
练习（p200）

第十章 其乐无穷：神奇的魔法数学

一、通灵数学（p201~p202）
1. 通灵数学魔术的秘密（p202）
二、魔法数字 1089（p202~p203）
1. 魔法数字 1089 的秘密（p203）
三、缺失数字的秘密（p204~p205）
四、神奇的跳蛙加法（p205~p208）
1. 神奇跳蛙加法的秘密（p206~p208）
五、数字魔方（p208~p212）
1. 如何创造数字魔方（p209~p210）
2. 数字魔方的秘密（p210~p212）
六、立方根快速心算（p212~p214）
七、平方根快速心算（p214~p215）
八、神奇总和的预知（p215~p217）
1. 预知总和的秘密（p217）
九、任意一天的星期数（p217~p224）
练习（p224）

第十一章 结束语：用科学的语言——数学，来甄别谎言

大数定律（p225）
概率法（p225）
概率为百万分之一（p226）
死亡预兆（p226）
证实偏见（p226）
阴谋理论（p226）
塔罗牌解读者（p227）
占星师（p227）
奇迹（p227）
信息过滤（p227）
自利偏见（p228）
盲点（p228）
优于他人的偏见（p228）
反省法（p229）
信仰上帝（p229）
怀疑论者协会（p230）
《魔鬼出没的世界》（卡尔·萨根著）（p229）
谎言甄别工具包（p229）
《巴尔的摩事件》（丹尼尔·凯夫尔斯著）（p230）
金字塔（p231）
狮身人面像（p231）
占优势的证据（p232）
不明飞行物（p232）
大爆炸学说的怀疑论者（p233）
人类免疫缺陷病毒——艾滋病病毒（HIV）
怀疑论者（p233）
同行评议体制（p233）